JN076412

今すぐ使える
かんたんbiz

Word
効率UPスキル
大全

著

門脇香奈子

技術評論社

本書の使い方

セクションごとに機能を順番に解説しています。

セクション名は具体的な作業を示しています。

操作内容の見出しです。

セクションの解説内容のまとめを表しています。

015 音声で入力する

ディクテーションとは？

ディクテーション機能を利用すると、マイクで音声を入力して文字に変換して表示できます。入力した内容は、あとから編集することもできるので、伝えたい内容を話して文書の土台の下書きを作成するときなどに役立ちます。

なお、ディクテーション機能は、Microsoft 365のWordを使用している場合に利用できます。マイクロソフトアカウントでサインインしておきます。

また、Web版のWordでは、ディクテーション機能を利用できます。ただし、画面の表示内容やボタンの名称などは、若干異なります。

❶ 音声で入力する位置に文字カーソルを移動します。

❷ [ホーム]タブの[ディクテーション]の上のボタンをクリックします。

❸ 音声入力の準備ができます。マイクに向かって話します。

MEMO 一時停止する

録音を一時停止するには、マイクのマークの[ディクテーションの停止]をクリックします。録音を再開するには、[ディクテーションの開始]をクリックします。

❹ 話した内容が入力されます。

❺ 音声入力を止めるには、[ディクテーションの停止]をクリックします。

50

読者が抱く小さな疑問を予測して解説しています。

番号付きの記述で操作の順番が一目瞭然です。

設定を変更する

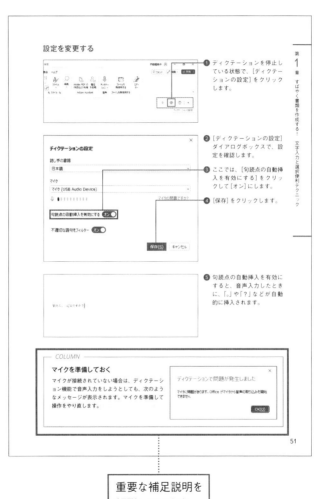

① ディクテーションを停止している状態で、[ディクテーションの設定]をクリックします。

② [ディクテーションの設定]ダイアログボックスで、設定を確認します。

③ ここでは、[句読点の自動挿入を有効にする]をクリックして[オン]にします。

④ [保存]をクリックします。

⑤ 句読点の自動挿入を有効にすると、音声入力したときに、「。」や「？」などが自動的に挿入されます。

COLUMN

マイクを準備しておく

マイクが接続されていない場合は、ディクテーション機能で音声入力をしようとしても、次のようなメッセージが表示されます。マイクを準備して操作をやり直します。

> ディクテーションで問題が発生しました
>
> マイクに問題があります。Officeガイドから音声から音声の取り込みを開始できません。
>
> OK(O)

51

重要な補足説明を
解説しています。

3

サンプルファイルのダウンロード

本書の解説内で使用しているサンプルファイルは、以下のURLのサポートページから
ダウンロードできます。ダウンロードしたときは圧縮ファイルの状態なので、展開し
てからご利用ください。ここでは、Windows 11のMicrosoft Edgeを使ってダウンロー
ド・展開する手順を解説します。

https://gihyo.jp/book/2024/978-4-297-14144-8/support

手順解説

1 Webブラウザー（画面は
Microsoft Edge）を起動し、
アドレス欄に上記のURLを
入力して、 Enter キーを押
します。

2 ［ダウンロード］欄にある［サ
ンプルファイル］をクリッ
クします。

3 ダウンロードが行われます。
ダウンロードが完了したら、
［ファイルを開く］をクリッ
クします。

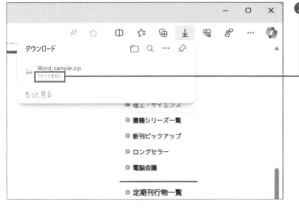

MEMO ダウンロード画面

ダウンロードしたファイルが画面か
ら消えてしまったときは、…をクリッ
クして［ダウンロード］をクリックす
ると表示されます。

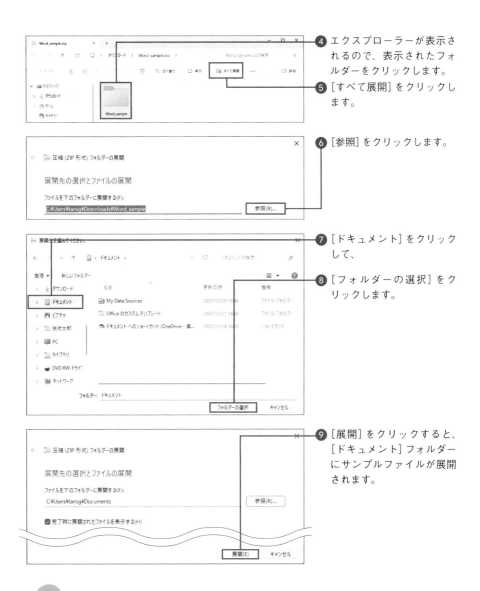

④ エクスプローラーが表示されるので、表示されたフォルダーをクリックします。

⑤ [すべて展開] をクリックします。

⑥ [参照] をクリックします。

⑦ [ドキュメント] をクリックして、

⑧ [フォルダーの選択] をクリックします。

⑨ [展開] をクリックすると、[ドキュメント] フォルダーにサンプルファイルが展開されます。

MEMO サンプルファイルのファイル名

サンプルファイルのファイル名には、Section番号が付いています。たとえば「Sec004_Before_カンファレンス.docx」というファイルを開くと、Sec.004の操作を開始する前の状態になっています。また、「Sec006_After_書類送付.docx」のように「After」が付いたファイルを開くと、操作を実行したあとの状態になっています。なお、一部のセクションにはサンプルファイルがありません。

目次

すばやく書類を作成する！
文字入力と選択便利テクニック

第 2 章 書類にメリハリを付ける！書式設定即効テクニック

目次

第 **3** 章
文章が見やすくなる！
段落書式必須テクニック

第 **4** 章

思い通りに配置する！
レイアウト設定快適テクニック

目次

第5章 Wordの機能を使いこなす！長文作成時短テクニック

第6章
見栄えを良くする！
画像と図の編集テクニック

目次

第7章 一目で伝わる！表とグラフ演出テクニック

第8章 ミスを事前に防ぐ！文書校正効率UPテクニック

目次

第9章 イメージ通りに結果を出す！
印刷と差し込み印刷攻略テクニック

CONTENTS

15

目次

第11章 スムーズに作業できる環境に整える！Word基本設定のテクニック

目次

ご注意 **ご購入・ご利用の前に必ずお読みください**

本書に記載された内容は、情報の提供のみを目的としています。したがって、本書を用いた運用は、必ずお客様自身の責任と判断によって行ってください。これらの情報の運用の結果について、技術評論社および著者はいかなる責任も負いません。

- ソフトウェアに関する記述は、特に断りのない限り、2024年4月時点での最新バージョンをもとにしています。ソフトウェアはバージョンアップされる場合があり、本書での説明とは機能内容や画面図などが異なってしまうこともあり得ます。あらかじめご了承ください。

- 本書は、Windows 11とWord 2021の画面で解説を行っています。これ以外のバージョンでは、画面や操作手順が異なる場合があります。一部、Word 2019とOffice 365については、Word 2021と操作が異なるところについては、補足として解説しているところがあります。

- インターネットの情報については、URLや画面などが変更されている可能性があります。ご注意ください。

以上の注意事項をご承諾いただいた上で、本書をご利用願います。これらの注意事項をお読みいただかずに、お問い合わせいただいても、技術評論社は対応しかねます。あらかじめご承知おきください。

本書に掲載した会社名、プログラム名、システム名などは、米国およびその他の国における登録商標または商標です。
本文中では™、®マークは明記しておりません。

第 1 章

すばやく書類を作成する！
文字入力と選択便利テクニック

文字を効率よく入力するには

変換対象の文字列の区切りを変更する

　文字を入力するときは、単語単位ではなく、複数の文節を含む短い文章の単位で入力して変換すると効率的です。多くの場合は、文節の単位が自動的に認識されて一度にまとめて変換されます。「今日は医者に行く」と入力したいのに、「今日歯医者に行く」と変換されてしまうなど、思うように変換されない場合は、→や←キーを押して変換対象の文節を移動したり、文節の区切りを変更したりしながら変換します。

今日歯医者に行く

❶ 「きょうはいしゃにいく」と入力し、スペースキーを押して変換します。ここでは、「今日歯医者に行く」と変換されました。現在変換対象の文節の下に太い線が表示されます。

きょうはいしゃに行く

❷ Shift ＋→キーを押して変換対象の文節の区切りを長くします。

❸ 変換対象が1文字分長くなりました。

❹ 再度、スペースキーを押して変換します。

MEMO 区切りを短くする

「きょうはいしゃにいく」と入力して変換したときに「今日は医者に行く」と変換された場合は、Shift ＋←キーを押して、文節の区切りを短くしてから変換し、→キーを押して変換対象を移動し、Shiftキーを押しながら→キーを2回押して、スペースキーを押して「今日歯医者に行く」と変換してみましょう。

間違って入力した文字を再変換する

間違って入力した文字でも、読みが正しい場合は、文字を入力し直す必要はありません。再変換して正しい文字を選びましょう。文章を画面でチェックしながら、マウス操作だけで修正できます。

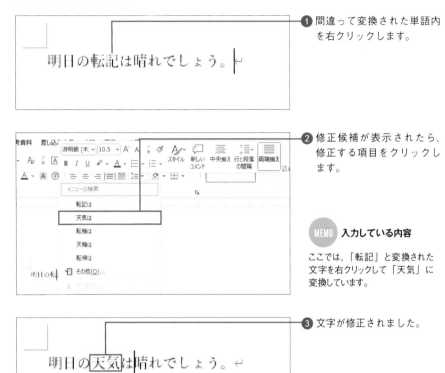

❶ 間違って変換された単語内を右クリックします。

❷ 修正候補が表示されたら、修正する項目をクリックします。

MEMO　入力している内容

ここでは、「転記」と変換された文字を右クリックして「天気」に変換しています。

❸ 文字が修正されました。

COLUMN

変換 キーを使う

キーボードを操作している場合は、修正したい文字内に文字カーソルを移動して 変換 キー、または ⊞ ＋ / キーを押します。表示される変換候補から修正する項目を選択します。

002 ファンクションキーで 英字やカナカナに変換する

ファンクションキーとは？

ファンクションキーとは、キーボードの上に並んでいる F1 F2 ・・・ F12 のような「F」から始まるキーのことです。

文字を入力するとき、ひらがなや漢字はもちろん、カタカナやかんたんな英単語も スペース キーや 変換 キーで変換できます。しかし、日本語入力モードがオンの状態でうっかり英字の単語を入力した場合や、珍しい外国の地名などを入力した場合は、スペース キーや 変換 キーでうまく変換できない場合があります。その場合には、ファンクションキーで指定した文字の種類に強制的に変換するとよいでしょう。

なお、ノートパソコンなどは、ファンクションキーを単独で押す場合と、 Fn キーを押しながらファンクションキーを押す場合で異なる機能が割り当てられている場合があります。ファンクションキーで変換できない場合、 Fn キーを押しながら F10 キーなどのファンクションキーを押して変換します。たとえば、 Alt + F9 というショートカットキーを使う場合、 Alt キーを押したまま、 Fn キーを押しながら F9 キーを押します。操作のポイントは、 Fn キーを押しながらファンクションキーを押すことです。

❶ 日本語入力モードがオンのままで TOKYO キーを押します。

❷ 「ときょ」と表示されます。 F10 キーを押します。

MEMO 変換候補が表示される

文字を入力すると、スペース キーや 変換 キーを押さなくても入力候補が表示されます。変換したい文字がある場合は、↑↓キーなどで文字を選択して入力できます。

❸ F10 キーを押すごとに「tokyo」「TOKYO」「Tokyo」の順に変換されます。

ファンクションキーで変換する

ファンクションキー	変換される文字	「ときょ」と入力して変換される内容
F6 キー	ひらがな変換	「ときょ」「トきょ」「トキョ」の順に変換されます。
F7 キー	カタカナ変換	「トキョ」「トキょ」「トきょ」の順に変換されます。
F8 キー	半角カタカナ変換	「ﾄｷｮ」「ﾄｷﾞｮ」「ﾄきょ」の順に変換されます。
F9 キー	全角英字変換	「ｔｏｋｙｏ」「ＴＯＫＹＯ」「Ｔｏｋｙｏ」の順に変換されます。
F10 キー	半角英字変換	「tokyo」「TOKYO」「Tokyo」の順に変換されます。

 間違って変換したら

英単語やカタカナに変換する前に、間違って変換して変換候補を表示した場合、Esc キーを何度か押します。
文字に点線の下線が付いた状態で、ファンクションキーを押して変換します。

COLUMN

変換候補を多く表示する

文字の変換中に、思うような変換
候補が表示されない場合、Tab キ
ーを押すと変換候補が複数の列に
表示されることがあります。→←
を押して変換したい文字がある列
を選択し、表示される数字を入力
すると、変換できます。

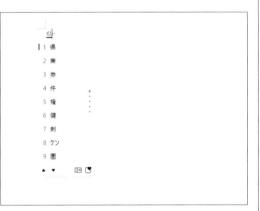

「★」の記号を入力する

　キーボードに刻印されていない記号を入力するとき、記号の読み方を知っていればかんたんに入力できます。よく使う記号の読みを覚えておきましょう。読みがわからない場合は、「きごう」の読みで変換する方法もあります。

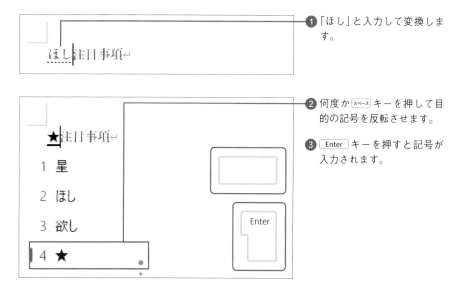

❶「ほし」と入力して変換します。

❷ 何度か スペース キーを押して目的の記号を反転させます。

❸ Enter キーを押すと記号が入力されます。

COLUMN

記号に変換する

記号の読みを入力し、スペース キーを押して変換すると、記号を入力できます。「きごう」と読みを入力して変換しても、記号を入力できます。変換候補を多く表示するには、変換候補が表示されている状態で Tab キーを押します。

よく使う記号の読み

読み	入力できる記号
まる	●○◎
しかく	□■◇◆
さんかく	▲△▼▽
いち	①
こめ	※
かっこ	〔〕 ()《》「」

読み方がわからない漢字を入力する

　読み方がわからない漢字は、IMEパッドというツールを使って入力できます。マウスで漢字を書いて漢字を探したり、画数や部首などを指定して探したりすることができます。ここでは、魚の「鱸（すずき）」の文字を入力します。

❶ 文字の入力箇所に文字カーソルを移動します。

❷ Ctrl + 変換 キーを押します。

❸ [IMEパッド] をクリックします。

MEMO タスクバー

タスクバーの入力モードアイコンを右クリックし、[IMEパッド] をクリックしても、IMEパッドを起動できます。変換 キーのないパソコンの場合、この方法を使います。

❹ [手書き] が選択されていることを確認します。

❺ 入力したい漢字をマウスでドラッグして書きます。

❻ 表示された漢字をクリックすると、文字カーソルの位置に漢字が入力されます。

--- COLUMN ---

画数から検索する

漢字の画数から漢字を探すには、[総画数] を選択して画数ごとに表示された漢字を探してクリックします。また、[部首] を選択して漢字を探すには、[部首] をクリックして部首を選択して漢字を探してクリックします。

®や™などの特殊文字を入力する

　登録商標マークの「®」、商標マークの「™」、コピーライトマークの「©」などの記号は、一覧から選んで入力できます。文字を自動的に変換するオートコレクト機能や、ショートカットキーで入力する方法もあります。ただし、ショートカットキーで入力する方法は、Wordの種類によって使用できない場合があります。

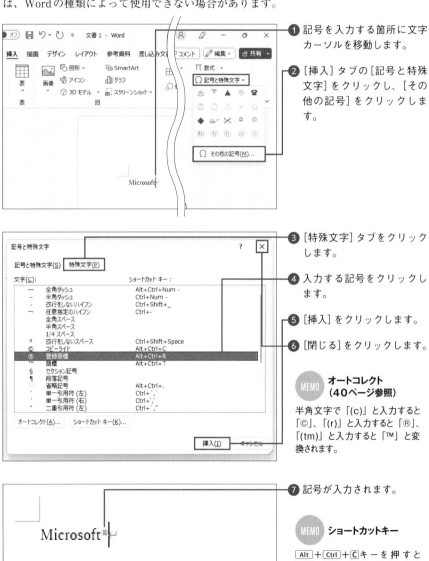

❶ 記号を入力する箇所に文字カーソルを移動します。

❷ [挿入] タブの [記号と特殊文字] をクリックし、[その他の記号] をクリックします。

❸ [特殊文字] タブをクリックします。

❹ 入力する記号をクリックします。

❺ [挿入] をクリックします。

❻ [閉じる] をクリックします。

MEMO オートコレクト（40ページ参照）

半角文字で「(c)」と入力すると「©」、「(r)」と入力すると「®」、「(tm)」と入力すると「™」と変換されます。

❼ 記号が入力されます。

MEMO ショートカットキー

Alt + Ctrl + C キーを押すと「©」、Alt + Ctrl + R キーを押すと「®」、Alt + Ctrl + T キーを押すと「™」が入力されます。

数式を入力する

円の面積や二次方程式の解の公式など、複雑な数式を入力するには、数式ツールを使って入力する方法があります。数式の内容は、編集もできます。数式を手書きで書いて入力する方法あります。

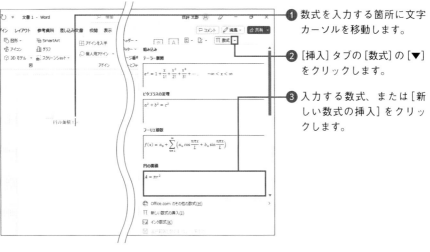

① 数式を入力する箇所に文字カーソルを移動します。

② [挿入] タブの [数式] の [▼] をクリックします。

③ 入力する数式、または [新しい数式の挿入] をクリックします。

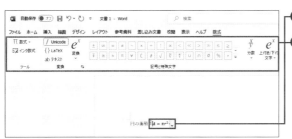

④ 数式が入力されます。

⑤ 数式をクリックし、[数式] タブのボタンで数式を編集できます。数式以外の場所をクリックして数式の入力を終了します。

COLUMN

手書きで入力

手順② で [インク数式] をクリックすると、手書きで数式を入力する画面が表示されます。数式を入力して [挿入] をクリックすると、数式が入力されます。

004 よく使う単語を登録して 入力できるようにする

長い文字列を単語として登録する

　頻繁に入力する会社名や商品名などの単語を、かんたんにミスなく入力するには、単語を登録しておく方法があります。ここでは、「ABCスマイルビル株式会社」という単語を「えー」の読みで変換できるようにします。

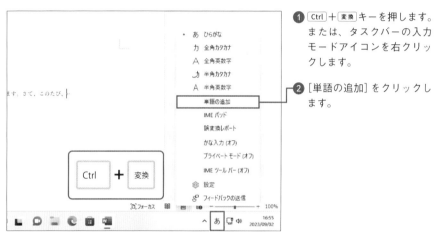

1 Ctrl + 変換 キーを押します。または、タスクバーの入力モードアイコンを右クリックします。

2 [単語の追加] をクリックします。

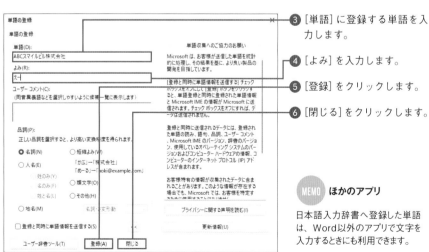

3 [単語] に登録する単語を入力します。

4 [よみ] を入力します。

5 [登録] をクリックします。

6 [閉じる] をクリックします。

MEMO ほかのアプリ

日本語入力辞書へ登録した単語は、Word以外のアプリで文字を入力するときにも利用できます。

登録した文字列を入力する

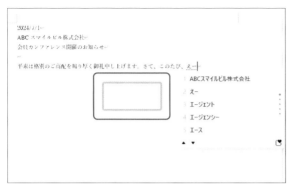

① 単語を入力するところで読み方を入力します。

② キーで変換します。

MEMO 変換候補が表示されたら

文字を入力すると表示される変換候補に、入力したい文字があった場合、↑↓キーで文字を選択して、Enterキーを押して入力することもできます。

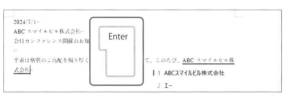

③ 変換候補に表示される単語を選択し、Enterキーを押します。

COLUMN

Wordから登録できない?

Wordの画面から単語登録するには、登録する文字を選択し、[校閲]タブの[日本語入力辞書への単語登録]をクリックして、[単語登録]ダイアログボックスを表示します。この場合、登録する文字を[単語]欄に入力する手間を省けます。ただし、新しいIMEを使用している場合、この機能と互換性がないために、現在、この方法は利用できなくなっているようです。前のページの手順②で、[設定]をクリックし、表示される画面で[全般]をクリックし、[互換性]欄で[以前のバージョンのMicrosoft IMEを使う]を[オン]にすると、Wordからの単語登録が可能になる場合もありますが、特に困っていない場合は、IMEの設定は変更せずに、ここで紹介した方法で、単語登録機能を利用するとよいでしょう。いずれ、Wordからも単語登録できるようになるかもしれません。

IMEの設定画面例

IMEの設定画面は、上述のように前のページの手順②で[設定]をクリックして表示します。右側の[全般]をクリックし、画面を下方向にスクロールすると、右の画面が表示されます。

互換性

Microsoft IME は新しいバージョンにアップグレードされましたが、すべての機能に互換性があるわけではありません。問題が発生した場合は、以前のバージョンに戻すことができます。

以前のバージョンの Microsoft IME を使う

⚪ オフ

詳細情報

005

定型句を利用して
文字列を自動入力する

ひとまとまりの文章などを定型句に登録する

　複数の行にわたる署名や連絡先、注意事項など文章のまとまりを登録してかんたんに呼び出せるようにするには、内容を定型句として登録する方法があります。登録する内容は文字だけではなく、書式や画像、表なども入れられます。頻繁に使用する会社のロゴ画像などを登録しておくと、必要なときに、ファイルの保存場所などを選択する手間がなく、すぐに入力できます。

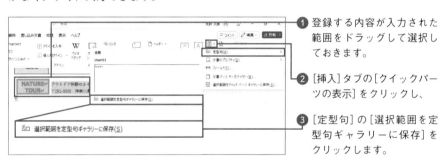

❶ 登録する内容が入力された範囲をドラッグして選択しておきます。

❷ [挿入]タブの[クイックパーツの表示]をクリックし、

❸ [定型句]の[選択範囲を定型句ギャラリーに保存]をクリックします。

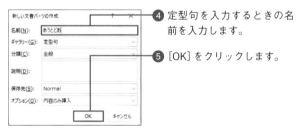

❹ 定型句を入力するときの名前を入力します。

❺ [OK]をクリックします。

定型句を入力する

定型句を入力する箇所に文字カーソルを移動し、定型句の名前を入力します。定型句のヒントが表示されます。 F3 キーまたは Enter キーを押すと、定型句が入力されます。

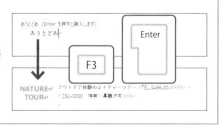

定型句の登録内容を修正する

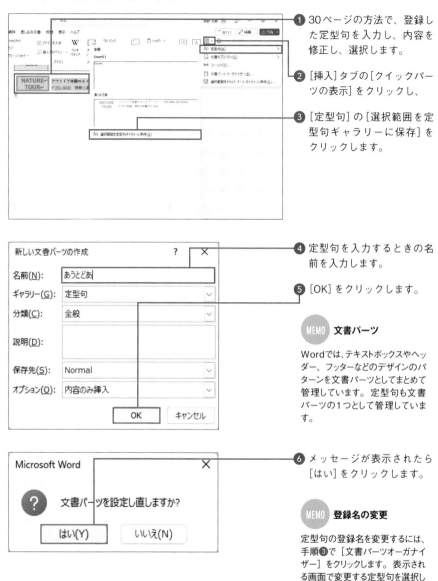

① 30ページの方法で、登録した定型句を入力し、内容を修正し、選択します。

② [挿入] タブの [クイックパーツの表示] をクリックし、

③ [定型句] の [選択範囲を定型句ギャラリーに保存] をクリックします。

④ 定型句を入力するときの名前を入力します。

⑤ [OK] をクリックします。

MEMO 文書パーツ

Wordでは、テキストボックスやヘッダー、フッターなどのデザインのパターンを文書パーツとしてまとめて管理しています。定型句も文書パーツの1つとして管理しています。

⑥ メッセージが表示されたら [はい] をクリックします。

MEMO 登録名の変更

定型句の登録名を変更するには、手順③で [文書パーツオーガナイザー] をクリックします。表示される画面で変更する定型句を選択して [プロパティの編集] をクリックします。表示される画面で [名前] を変更します。

006

今日の日付を
自動入力する

西暦の年から今日の日付を入力する

　パソコンに設定されている今日の日付をかんたんに入力するには、今日の西暦や元号から入力する方法があります。また、Wordの機能ではありませんが、文字を入力すると自動的に表示される変換候補からも日付を入力できます。たとえば、「きょう」「あした」「きのう」「あさって」などと入力すると、その日付の入力候補が表示されます。 ↓ ↑ キーなどで日付を選択して Enter キーで決定します。 スペース キーや 変換 キーなどで変換するのではなく、自動表示される変換候補から選択するのがポイントです。

① たとえば、「2023年」や「2023/」「令和」など、今日の西暦の年や元号を入力します。今日の日付が表示されます。

② Enter キーを押すと、今日の日付が入力されます。

MEMO　入力できない場合

Enter キーを押しても入力できない場合、「XXXX（Enterを押すと挿入します）」と表示された状態で、 F3 キーを押します。

COLUMN

一覧から選択する

[挿入] タブの [日付と時刻] をクリックすると、[日付と時刻] ダイアログボックスが表示されます。日付の表示方法を選択して [OK] をクリックすると、日付が入力されます。設定画面で [自動的に更新する] のチェックをオンにした場合は、フィールド（34ページ参照）が追加されて日付が表示されます。

フィールドを追加して今日の日付を表示する

　今日の日付や時刻を入力するとき、今日の日付や今の時刻になるように更新できるようにするには、フィールドを追加する方法があります。フィールドとは、「ここに○○の情報を表示する」という命令文のようなものです。34ページで紹介しています。

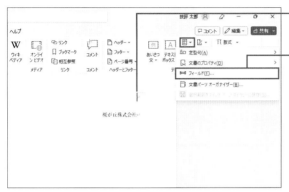

❶ 日付を追加する場所をクリックします。

❷ [挿入]タブの[クイックパーツの表示]をクリックし、[フィールド]をクリックします。

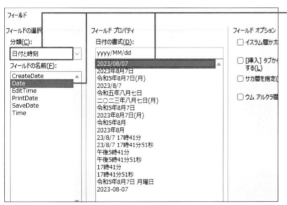

❸ [分類](ここでは「日付と時刻」）や［フィールドの名前］（ここでは「Date」）、日付の表示形式（ここでは［2023/08/07］）を選択します。

❹ [OK]をクリックします。

MEMO　ショートカットキーで入力する

日付を示すフィールドを追加するには、追加する場所をクリックして Alt + Shift + D キーを押す方法もあります。

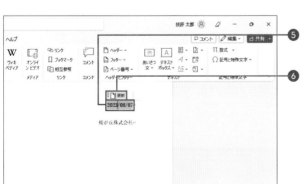

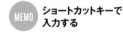

❺ フィールドが追加されて今日の日付が表示されます。

❻ フィールドの内容を更新するには、フィールドをクリックして［更新］をクリックします。

007 フィールドを利用して 日付や文字を自動表示する

フィールドとは?

　今日の日付やファイルのプロパティ情報、参照先のページ番号などを自動的に入力するには、「○○の情報を表示しなさい」という命令文を入力する方法があります。Wordでは、このような命令文をフィールドと言います。命令文が入っているので、フィールドの内容が変更された場合は、新しい内容に更新できる点が利点です。

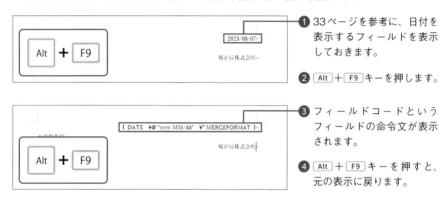

❶ 33ページを参考に、日付を表示するフィールドを表示しておきます。

❷ `Alt` + `F9` キーを押します。

❸ フィールドコードというフィールドの命令文が表示されます。

❹ `Alt` + `F9` キーを押すと、元の表示に戻ります。

--- COLUMN ---

フィールドの操作

フィールドは、ファイルを開いたタイミングなどで自動的に更新されますが、手動で更新するには、フィールドを右クリックして「フィールド更新」をクリックします。また、フィールドを扱うときに知っておくと便利なショートカットキーもあります。フィールドの文字が表示されている箇所をクリックしてショートカットキーを押します。

フィールドを扱うショートカットキー

ショートカットキー	内容
`F9`	フィールドを更新します。
`Ctrl` + `Shift` + `F9`	フィールドで表示されている文字に変換します。
`Ctrl` + `F11` (2回)	フィールドの更新をロックします。フィールドの更新をロックすると、フィールドを右クリックして [フィールド更新] を選択できなくなります。
`Ctrl` + `Shift` + `F11`	フィールドの更新のロックを解除します。

008 ダミーの文章を入力する

指定した数の段落を自動入力する

文書のレイアウトを決めるときに、実際の文章がまだできていない場合は、ダミーの文章があると助かります。ここでは、適当な文章を用意したいときに知っておくと便利なワザを紹介します。入力する段落の数や、文の数も指定できます。

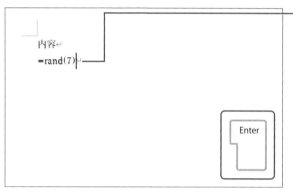

❶ 文章を入力したい行の行頭に文字カーソルを移動し、「=rand(7)」と入力して、Enter キーを押します。

MEMO 段落の数

「=rand()」の「()」の中には、入力する文章の段落の数を指定します。数を指定しない場合は、5つの段落を含む文章が入力されます。

❷ 7つの段落の文章が入力されます。

COLUMN

段落と文の数を指定する

1つの段落に含まれる文の数を指定するには、「=rand(3,2)」のように、段落の指定のあとに文の数を指定します。「=rand(3,2)」の場合は、3つの段落を含む文章が追加されます。各段落には、2つの文が入ります。

009 季節のあいさつ文を自動入力する

9月の時候のあいさつを入力する

　ビジネス文書では、決まった形式で文書を作成することが多くあります。たとえば、作成日や宛先、差出人のあとにタイトルを入力し、前文、主文、末文と続きます。

　前文は、「拝啓」などの頭語という始めの言葉から始まり、あいさつ文が入ります。主文は、本題の前に、本題に入ることを伝える起こし言葉を入れて、本題が入ります。末文は、本題のあとのあいさつとして結び言葉を入れて、頭語に対応する結語で締めます。たとえば、「拝啓」に対応する結語として「敬具」を使用します。

　あいさつ文や起こし言葉、結びの言葉は、一覧から選んで入力できます。内容は、編集できるので、自分がよく使う項目だけを貯めておけます。

　なお、この機能は、Outlookでも使用できます。Outlookのメールを作成する画面で、[挿入]メニューの[あいさつ文]からもWordと同じ項目を利用できます。

ビジネス文書の冒頭の一般的な形式

順番	入力する内容
前文	頭語 時候のあいさつ 安否のあいさつ 感謝のあいさつ
主文	起こし言葉 本題
末文	結び言葉 結語

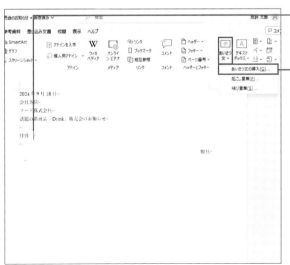

❶ あいさつ文を入力する箇所に文字カーソルを移動します。

❷ [挿入]タブの[あいさつ文]→[あいさつ文の挿入]([起こし言葉][結び言葉])の順にクリックします。

MEMO　頭語と結語

頭語や結語には、決まった組み合わせがあり、ビジネス文書では、頭語「拝啓」、結語「敬具」の組み合わせが多く使われます。

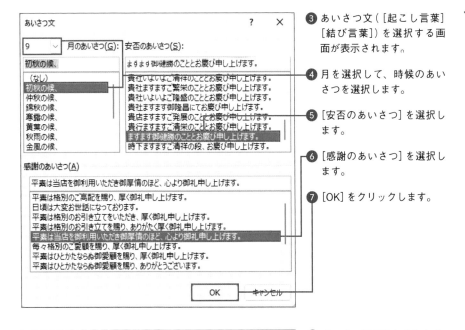

❸ あいさつ文（［起こし言葉］
［結び言葉］）を選択する画
面が表示されます。

❹ 月を選択して、時候のあい
さつを選択します。

❺ ［安否のあいさつ］を選択し
ます。

❻ ［感謝のあいさつ］を選択し
ます。

❼ ［OK］をクリックします。

❽ あいさつ文が入力されます。

COLUMN

内容を変更する

［あいさつ文］［起こし言葉］［結び言葉］ダイアログボックスで、あいさつ文や起こし言葉、結び言葉の欄に文章を入力して［OK］をクリックすると、その内容が入力されます。次にあいさつ文や起こし言葉、結び言葉を選択するときは、入力した項目を選択できます。項目を削除するには、［あいさつ文］［起こし言葉］［結び言葉］ダイアログボックスで削除する項目をクリックし、あいさつ文や起こし言葉、結び言葉の欄を空欄にして［OK］をクリックします。

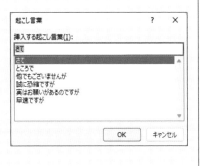

010 自動で入力される内容について知る

入力オートフォーマットとは？

　文字の入力中には、操作に応じてさまざまな入力支援機能が自動的に働きます。入力オートフォーマットとは、入力支援機能の1つです。この機能をうまく活用すると、自分で書式を設定しなくても、文字の配置を自動的に整えたりできます。

　ただし、入力オートフォーマットの存在を知らないと、突然、文字が入力されたりして驚くこともあるでしょう。そのような場合にも対応できるように、入力オートフォーマットの例を知っておきましょう。なお、入力オートフォーマット機能が働いたときに、元の状態に戻すには、クイックアクセスツールバーの[元に戻す]をクリックします。

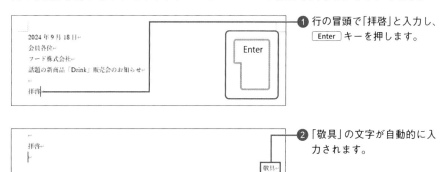

① 行の冒頭で「拝啓」と入力し、Enterキーを押します。

② 「敬具」の文字が自動的に入力されます。

COLUMN

入力オートフォーマット

入力オートフォーマット機能には、次のようなものがあります。

入力オートフォーマットの例

入力例	表示される内容	説明
1. +（文字列）+ Enterキー	2.	箇条書きで項目を入力して Enterキーを押すと、次の行の行頭の記号や番号が表示されます。
test@example.com	test@example.com	URL やメールアドレスにリンクが設定されます。
記 + Enterキー	「以上」	「記」に対応する「以上」が右揃えで自動的に入力されます。

入力オートフォーマットの設定を確認する

入力オートフォーマットによって自動で入力される機能が不要な場合は、機能を個別にオフにできます。余計な動きに毎回のように悩まされる場合は、機能をオフにしておくとよいでしょう。ここでは、頭語を入力して Enter キーを押したときに、結語が表示されないようにします。

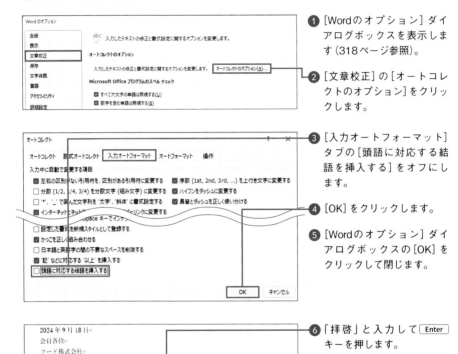

❶ [Wordのオプション]ダイアログボックスを表示します（318ページ参照）。

❷ [文章校正]の[オートコレクトのオプション]をクリックします。

❸ [入力オートフォーマット]タブの[頭語に対応する結語を挿入する]をオフにします。

❹ [OK]をクリックします。

❺ [Wordのオプション]ダイアログボックスの[OK]をクリックして閉じます。

❻ 「拝啓」と入力して Enter キーを押します。

❼ 結語は自動的に入力されません。ただし、「拝啓」と入力して スペース キーを押すと、「敬具」の文字が表示されます。

― COLUMN ―

[オートフォーマット]タブ

[オートコレクト]タブの[オートフォーマット]タブにも[入力オートフォーマット]と似たような項目が並んでいます。[入力オートフォーマット]タブで指定するのは、入力中に自動的に文字を入力したりするときに使う機能です。[オートフォーマット]は、[オートフォーマットを今すぐ実行]の機能を実行すると適用される内容です。[オートフォーマットを今すぐ実行]機能は、クイックアクセスツールバーなどにボタンを追加して実行できます（326ページ参照）。

011 自動で修正される内容を指定する

オートコレクトとは?

　オートコレクトとは、文字の入力中にスペルミスや入力ミスが発生したときに、自動的に修正される機能です。また、オートコレクトの中には、誤字の修正の目的ではなく、指定した記号を連続して入力することで、特殊の記号を入力するものもあります。文字の入力中に勝手に文字が変換されても慌てないように、オートコレクトの設定を知っておきましょう。

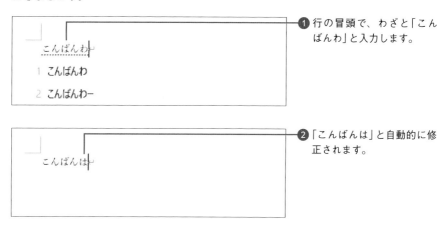

❶ 行の冒頭で、わざと「こんばんわ」と入力します。

❷ 「こんばんは」と自動的に修正されます。

COLUMN

オートコレクト

オートコレクト機能で自動的に文字が修正されるものには、次のようなものがあります。

オートコレクトの登録例

入力例	表示される内容	説明
monday + スペース キー	Monday	曜日を入力し、スペース キーを押すと、先頭文字が大文字になります。
(c)	©	指定した文字を入力すると、自動的に文字を変換します。
abbout	about	スペルミスと思われる単語を、自動的に修正します。
こんにちわ	こんにちは	入力ミスと思われる単語を、自動的に修正します。

オートコレクトの設定を確認する

オートコレクト機能では、どのような修正をするか選択できます。ここでは、英語の曜日を入力したときに、先頭文字が大文字に変換されないように設定を変更してみます。オートコレクト機能を利用して入力できる記号についても知りましょう。

❶ [Wordのオプション] ダイアログボックスを表示します（318ページ参照）。

❷ [文章校正] の [オートコレクトのオプション] をクリックします。

❸ [オートコレクト]タブの[曜日の先頭文字を大文字にする] をオフにします。

❹ [OK] をクリックします。

❺ [Wordのオプション] ダイアログボックスの [OK] をクリックして閉じます。

MEMO　記号の入力

[オートコレクト] ダイアログボックスの [オートコレクト] タブでは、入力中に自動修正する内容の一覧が表示されます。たとえば、「(c)」と入力すると「©」と入力されることがわかります。入力中に自動修正する内容は、追加したり削除したりもできます。

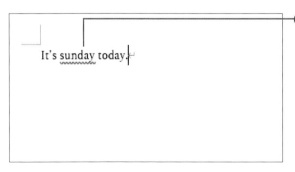

It's sunday today.

❻ 「it's sunday today」と入力します。設定を変更したため曜日の先頭文字は大文字にはなりません（赤い下線については、242ページを参照）。

012 上書きモードや挿入モードを固定する

上書きモードと挿入モード

文字の途中に文字を入力すると、文字が追加されて右にあった文字がさらに右にずれます。この状態を挿入モードと言います。一般的には、挿入モードで文書を編集することが多いでしょう。一方、担当者や日付などを修正するような場合、既存の文字を消しながら上書きして修正するには、上書きモードに切り替えて入力します。上書きモードなのか挿入モードなのか常に確認できるようにするには、ステータスバーにモードを表示します。

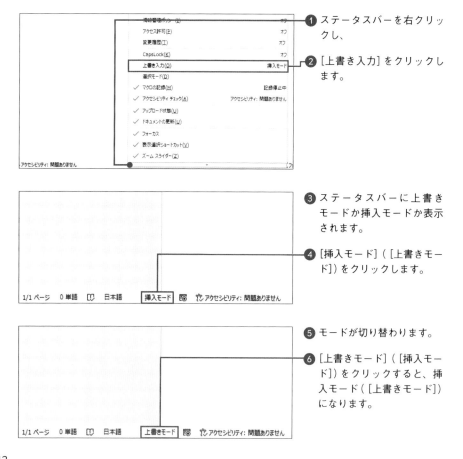

① ステータスバーを右クリックし、

② [上書き入力] をクリックします。

③ ステータスバーに上書きモードか挿入モードか表示されます。

④ [挿入モード]（[上書きモード]）をクリックします。

⑤ モードが切り替わります。

⑥ [上書きモード]（[挿入モード]）をクリックすると、挿入モード（[上書きモード]）になります。

[Insert]キーで切り替わらないようにする

　挿入モードと上書きモードは、[Insert]キーを押して切り替えられます。しかし、無意識に[Insert]キーを押してしまうことで、意図せずにモードが切り替わってしまい煩わしく思うことが多い場合は、[Insert]キーでモードが切り替えられないようにする方法を試してみましょう。

❶ [Wordのオプション]ダイアログボックスを表示し（318ページ参照）、[詳細設定]をクリックし、[上書き入力モードの切り替えにIns キーを使用する]のチェックをオフにします。

❷ 上書き入力モードの状態に固定したい場合は、[上書き入力モードで入力する]のチェックをオンにします。

❸ [OK]をクリックします。

❹ 入力する場所をクリックして文字カーソルを表示します。

> **MEMO　モードを切り替える**
>
> 設定を変更すると、[Insert]キーを押しても、上書きモードと挿入モードは切り替わりません。ただし、ステータスバーからは切り替えられます（前のページ参照）。

❺ ここでは、数字を入力します。

❻ 文字が上書きされます。

013 操作対象の文字列を手早く選択する

3つの場所を同時に選択する

　離れた位置にある複数の文章に同じ書式を設定したい場合などは、設定対象の文章を同時に選択して、まとめて設定しましょう。仮に、1か所ずつ同じ設定を繰り返して行うと時間がかかりますし、操作を間違えてしまうと、場所によって異なる書式が設定されてしまうことも考えられます。編集作業を効率よく進められるように、選択方法を知っておきましょう。

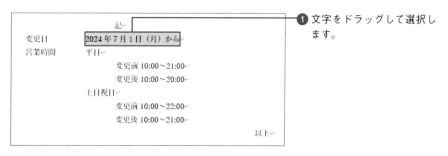

❶ 文字をドラッグして選択します。

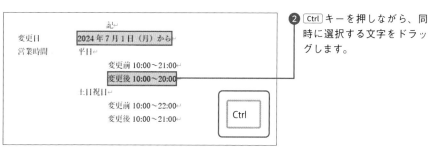

❷ Ctrl キーを押しながら、同時に選択する文字をドラッグします。

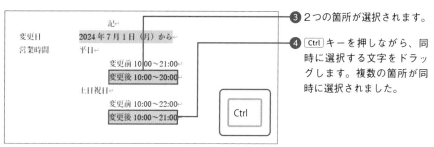

❸ 2つの箇所が選択されます。

❹ Ctrl キーを押しながら、同時に選択する文字をドラッグします。複数の箇所が同時に選択されました。

行全体や単語を選択する

　単語や行、段落、文書全体などを瞬時に選択するコツを知っておきましょう。キー操作とマウス操作を組み合わせて広い範囲の文字を選択する方法もあります。

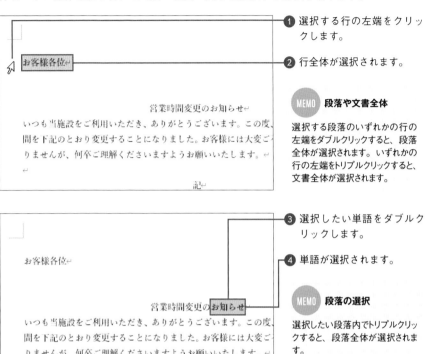

❶ 選択する行の左端をクリックします。

❷ 行全体が選択されます。

MEMO　段落や文書全体

選択する段落のいずれかの行の左端をダブルクリックすると、段落全体が選択されます。いずれかの行の左端をトリプルクリックすると、文書全体が選択されます。

❸ 選択したい単語をダブルクリックします。

❹ 単語が選択されます。

MEMO　段落の選択

選択したい段落内でトリプルクリックすると、段落全体が選択されます。

COLUMN

指定した範囲の選択

指定した範囲の文章を選択するには、選択範囲の最初の場所をクリックして文字カーソルを移動します。続いて、選択範囲の最後の場所を Shift キーを押しながらクリックする方法があります。また、Alt キーを押しながら斜め方向にドラッグすると、四角形の形で文字を選択できます。

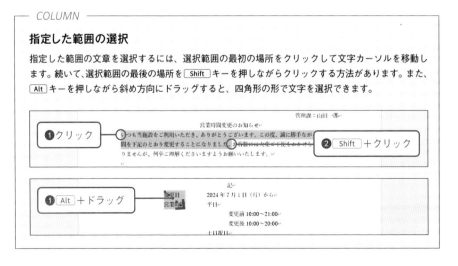

014 移動やコピーの便利技を知る

ドラッグ操作で文字をコピーする

　文字の入力中は、文字などを移動／コピーしたりしながら内容を編集します。移動先や貼り付け先が近くの場所の場合、マウス操作が便利です。移動先や貼り付け先が遠くの場所の場合は、ショートカットキーを使うとよいでしょう。場合によって使い分けましょう。

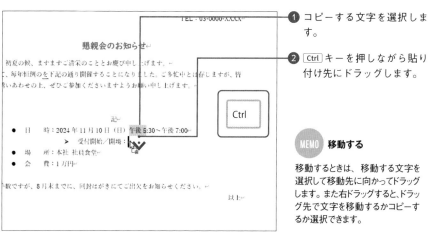

❶ コピーする文字を選択します。

❷ Ctrl キーを押しながら貼り付け先にドラッグします。

MEMO 移動する

移動するときは、移動する文字を選択して移動先に向かってドラッグします。また右ドラッグすると、ドラッグ先で文字を移動するかコピーするか選択できます。

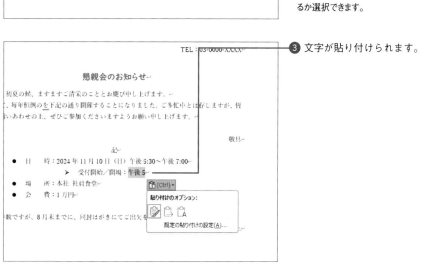

❸ 文字が貼り付けられます。

Officeクリップボードを表示する

　文字などを切り取ったりコピーしたりすると、その内容がクリップボードに一時的に保存されます。保存できるスペースは、通常1つだけなので、複数の内容を使い分けることはできません。複数の内容を貯めておいて自由に貼り付けたい場合は、24個までの内容を貯められるOfficeクリップボードを利用します。Wordでコピーした内容だけでなく、ほかのアプリなどでコピーした内容も保存されます。

1. [ホーム] タブの [クリップボード] の [ダイアログボックス起動ツール] をクリックします。

2. Officeクリップボードが表示されます。
3. コピーする文字などを選択して [ホーム] タブの [コピー] をクリックします。
4. クリップボードに保存されます。

COLUMN

その他の方法

文字などを移動したりコピーしたりするには、次のような方法があります。離れた位置に文字を移動したり貼り付けたりするときは、ショートカットキーやボタンで操作すれば、失敗なく行えます。たとえば、ショートカットキーを使って文字を移動する場合、文字を選択して Ctrl + X キーを押します。移動先を選択して Ctrl + V キーを押します。

移動やコピーの操作

内容	ショートカットキー	[ホーム] タブのボタンの操作
切り取り	Ctrl + X キー	[ホーム] タブの [切り取り]
コピー	Ctrl + C キー	[ホーム] タブの [コピー]
貼り付け	Ctrl + V キー	[ホーム] タブの [貼り付け]

クリップボード履歴を利用する

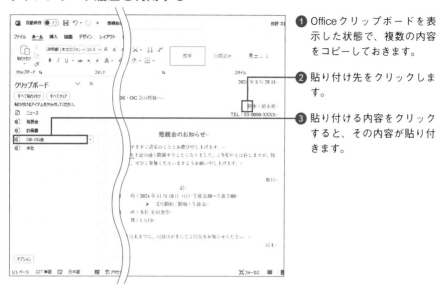

❶ Officeクリップボードを表示した状態で、複数の内容をコピーしておきます。

❷ 貼り付け先をクリックします。

❸ 貼り付ける内容をクリックすると、その内容が貼り付きます。

Windowsのクリップボードの履歴を利用する

Wordの機能ではありませんが、Windows 11やWindows 10でも複数の文字や画像をクリップボードに保存して利用できます。■＋Vキーを押して、[始めましょう]の画面が表示されたら[オンにする]をクリックしてクリップボードの履歴をオンにします。コピーした情報を貼り付けるには、■＋Vキーを押して表示される画面から貼り付けたいものを選択します。Windowsのクリップボードは、さまざまなアプリで共通して利用できます。なお、クリップボードの履歴をオフにするには、Windowsの設定画面で[システム]―[クリップボード]を選択し、[クリップボードの履歴]をオフに設定します。

❶ ■＋Vキーを押してクリップボードの履歴をオンにします。

❷ コピーした内容を貼り付けるには、■＋Vキーを押して項目をクリックします。

文字情報のみをコピーする

文字などをコピーして貼り付けると、通常は、元の書式の情報を保ったまま文字などが貼り付きます。書式情報が不要な場合は、文字だけを貼り付けることも可能です。この方法を覚えておけば、貼り付け先では不要な書式を削除する手間を省けます。

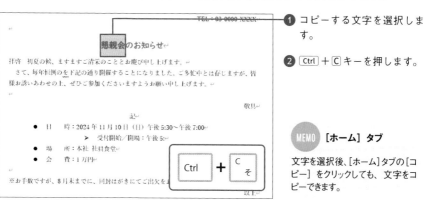

① コピーする文字を選択します。

② Ctrl + C キーを押します。

MEMO [ホーム] タブ

文字を選択後、[ホーム]タブの[コピー] をクリックしても、文字をコピーできます。

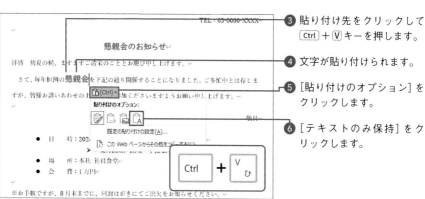

③ 貼り付け先をクリックして Ctrl + V キーを押します。

④ 文字が貼り付けられます。

⑤ [貼り付けのオプション]をクリックします。

⑥ [テキストのみ保持]をクリックします。

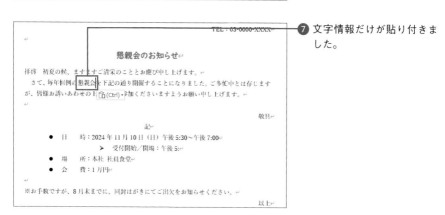

⑦ 文字情報だけが貼り付きました。

015 音声で入力する

ディクテーションとは？

　ディクテーション機能を利用すると、マイクで音声を入力して文字に変換して表示できます。入力した内容は、あとから編集することもできるので、伝えたい内容を話して文書の土台の下書きを作成するときなどに役立ちます。

　なお、ディクテーション機能は、Microsoft 365のWordを使用している場合に利用できます。マイクロソフトアカウントでサインインしておきます。

　また、Web版のWordでは、ディクテーション機能を利用できます。ただし、画面の表示内容やボタンの名称などは、若干異なります。

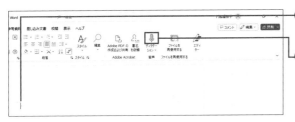

① 音声で入力する位置に文字カーソルを移動します。

② [ホーム]タブの[ディクテーション]の上のボタンをクリックします。

③ 音声入力の準備ができます。マイクに向かって話します。

MEMO 一時停止する

録音を一時停止するには、マイクのマークの[ディクテーションの停止]をクリックします。録音を再開するには、[ディクテーションの開始]をクリックします。

④ 話した内容が入力されます。

⑤ 音声入力を止めるには、[ディクテーションの停止]をクリックします。

設定を変更する

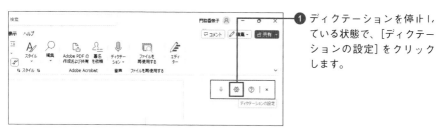

① ディクテーションを停止し、ている状態で、[ディクテーションの設定] をクリックします。

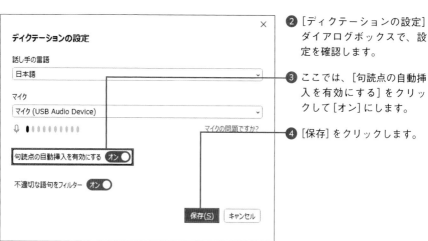

② [ディクテーションの設定] ダイアログボックスで、設定を確認します。

③ ここでは、[句読点の自動挿入を有効にする] をクリックして [オン] にします。

④ [保存] をクリックします。

⑤ 句読点の自動挿入を有効にすると、音声入力したときに、「。」や「？」などが自動的に挿入されます。

COLUMN

マイクを準備しておく

マイクが接続されていない場合は、ディクテーション機能で音声入力をしようとしても、次のようなメッセージが表示されます。マイクを準備して操作をやり直します。

> ×
> ディクテーションで問題が発生しました
>
> マイクに問題があります。Office がマイクから音声の取り込みを開始できません
>
> OK(O)

016 文字起こしをする

トランスクリプトとは？

　会議の音声を録音しながら議事録を作成したい場合など、トランスクリプト機能を利用する方法があります。誰がいつ何を話したか文字に変換して表示できます。

　音声は、音声ファイルをアップロードするか、その場で録音をします。それらの音声ファイルは、OneDriveの「トランスクリプトファイル」フォルダーに保存されます。

　なお、トランスクリプト機能は、Microsoft 365のWordを使用している場合に利用できます。マイクロソフトアカウントでサインインしておきます。

　また、Web版のWordでは、使用しているMicrosoftアカウントの種類などによって、トランスクリプト機能を利用できるかどうかは異なります。

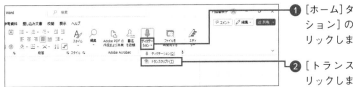

❶ [ホーム]タブの[ディクテーション]の下のボタンをクリックします。

❷ [トランスクリプト]をクリックします。

❸ [Transcribe]作業ウィンドウが表示されます。

❹ ここでは、[録音を開始]をクリックします。

❺ 録音が始まります。録音中は、文字を入力できます。

❻ 録音を終了するには、[今すぐ保存してトランスクリプトを作成]をクリックします。

❼ このあと、OneDriveに音声がアップロードされますので少し待ちます。

音声の情報を確認する

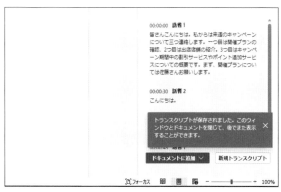

❶ トランスクリプトが保存されるとメッセージが表示されます。

❷ 誰が何を話したか認識され、その内容が表示されます。

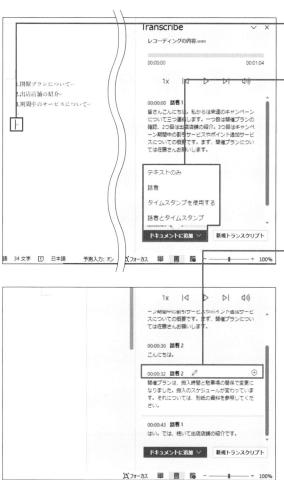

❸ 音声の内容を文字として追加するには、追加したい場所をクリックします。

❹ [ドキュメントに追加]をクリックし、追加する内容をクリックします。

❺ 音声を再生するには、再生したい音声が入力されている箇所にマウスポインターを移動します。

❻ 音声の時間をクリックすると、その部分の音声を確認できます。

❼ [+]をクリックすると、文字カーソルのある位置に、音声の内容を文字で追加できます。

MEMO **内容を編集する**

鉛筆のマークをクリックすると、話者や内容を修正できます。修正後は、✓マークの［確認］をクリックします。なお、文字を修正しても音声の内容は変わりません。

53

OneDriveとWeb版のWord

Wordを使用するときに、マイクロソフトアカウントでサインインすると、WordからOneDriveというインターネット上のファイル保存スペースをかんたんに利用できるようになります（313ページ参照）。

OneDriveに保存したファイルは、Wordから開くこともできますが、Edgeなどのブラウザーで開くこともできます。その場合は、ブラウザーでOneDriveにサインインするページ「https://onedrive.live.com/about/ja-jp/signin/」を開き、マイクロソフトアカウントでサインインして、開きたいファイルを選択します。Web版のWordは、Wordと同じような機能を利用できますが、Wordとは異なります。

Web版のWordで表示したWordの文書

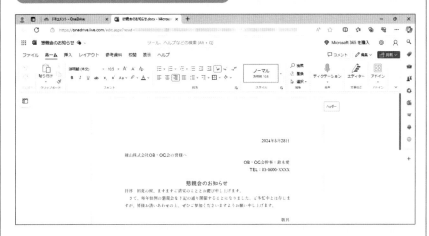

[ホーム] タブの [ディクテーション] からディクテーション機能を利用できる。

第 2 章

書類にメリハリを付ける！
書式設定即効テクニック

書式を理解する

書式とは？

　書式とは、文書の見た目を整えるために設定するさまざまな機能です。たとえば、文字を太字にしたり、文字の大きさを変更するもの、文字の配置を行の中央に揃えたり、行と行の間隔を変更するもの、文章を複数の段に分けて表示するものなどがあります。

　文書を作成するときには、一般的に、最初に文字を入力して、そのあと書式を一気に設定すると効率的です。たとえば、文書のタイトルを入力し、タイトルを太字にして中央に揃えたあと、改行して本文を入力しようとすると、タイトルの書式が次の本文にも適用されてしまい書式を解除する手間などが発生します。そのため、書式は、あとからまとめて設定するとよいでしょう。

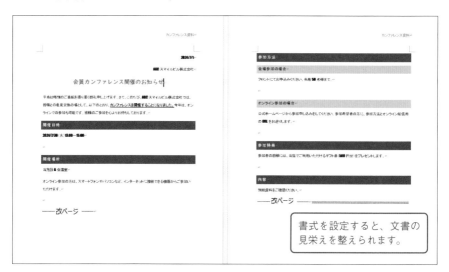

書式を設定すると、文書の見栄えを整えられます。

書式設定の手順

　書式を設定するには、最初に、書式を設定する対象を選択して書式の内容を指定します。たとえば、文字に書式を設定する場合、まず、対象の文字を選択します。続いて、ミニツールバーや、[ホーム]タブに配置されているボタンなどから書式の内容を指定します。

1.書式を設定する対象を選択する

2.書式の内容を指定する

3.書式が設定される

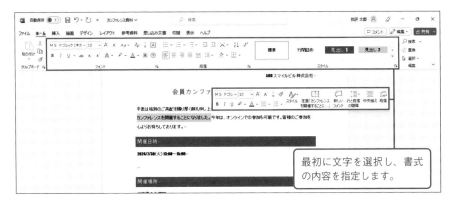

最初に文字を選択し、書式の内容を指定します。

書式を確認する

　文字に設定する文字書式は、文字を選択して、[ホーム]タブで、フォントやフォントサイズなどを確認できます。また、太字や斜体、下線の書式が設定されているかなども、ボタンを見ればわかります。ただし、文字の色などは、ボタンを見ただけでは確認できません。[文字の色]の右側の[▼]をクリックすると選択されている色を確認できます。また、書式の設定画面を表示すると、どのような書式が設定されているか詳細を確認できます。

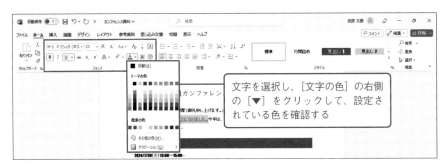

文字を選択し、[文字の色]の右側の[▼]をクリックして、設定されている色を確認する

— COLUMN —

テーマについて

文書全体のデザインは、選択しているテーマによって大きく変わります。特に指定しない場合は、「Office」という名前のシンプルなテーマが選択されています。テーマについては、138ページで紹介しています。

018 書式設定の単位を知る

書式設定する単位について

　書式を設定するときの単位には、「文字」「段落」「セクション」などがあります。この章では、文字に設定する文字書式について、次の章では、段落に設定する段落書式について紹介します。書式設定の単位によって設定できる内容は異なります。書式を設定するときは、何に対して書式を設定しようとしているのか意識すると、Wordをより深く理解することができるでしょう。

・文字
　文字単位に設定する書式を文字書式と言います。

・段落
　段落とは、↵の次の行から次の↵までのまとまった単位のことです。段落単位に設定する書式を段落書式と言います。

・セクション
　セクションとは、文書を構成する1つの単位です。セクションの区切りは自由に作成できます。セクションという単位で設定する書式には、下の表のようなものがあります。たとえば、文書の冒頭に導入の文章を入力し、そのあと、本文を2段組みで配置したい場合は、導入の文章のあとにセクションの区切りを指定します。すると、文書が2つのセクションに分かれます。2つ目のセクションを対象に2段組みの書式を設定します。

主な書式設定単位

単位	設定できる書式の例
文字	文字の大きさや太字、斜体などの書式。文字の色、上付き文字や下付き文字など。
段落	段落の配置、段落の前後の間隔、行間など。
セクション	段組みのレイアウト、印刷の向き、用紙サイズ、ヘッダー/フッターの設定など。

 MEMO 対象を選択する

書式を設定するときは、一般的に、最初に書式を設定する対象を選択します。文字の選択は44、45ページ、段落の選択は80、81ページ、セクションの選択は、122ページで紹介しています。

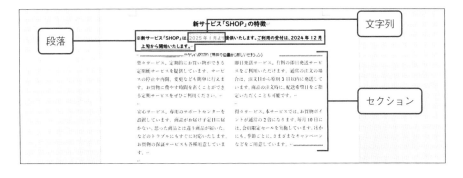

書式設定画面を表示する

　文字や段落の詳細の書式を設定したり、書式を確認したりするときは、対象の文字や段落を選択し、書式を設定する画面を表示します。セクションは、目的の書式を設定する画面で設定対象を選択します。

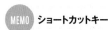

ここをクリックして、[フォント] ダイアログボックスを表示します。

MEMO　ショートカットキー

文字を選択して Ctrl + Shift + P キーや Ctrl + Shift + F キーを押すと [フォント] ダイアログボックスが開きます。[フォント] タブが選択されていると、それぞれ、フォントサイズ、フォントを変更できる状態で開きます。

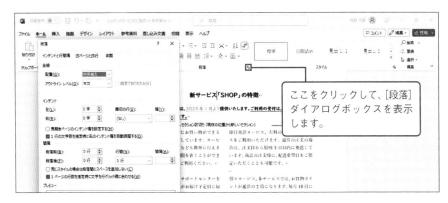

ここをクリックして、[段落] ダイアログボックスを表示します。

019 フォントを理解する

フォントとは？

　フォントとは、同じ雰囲気の形の文字がまとまったセットのことで、かんたんに言うと文字の書体のことです。フォントには、さまざまなものがあり、それらは、いくつかの種類に分類されます。たとえば、ひらがなや漢字、カタカナ、英字や記号などを含む日本語用の日本語フォント、半角のアルファベットや数字など英文用の英文フォントがあります。日本語フォントは、フォントの名前が日本語で付けられています。一方、英文フォントは、フォントの名前が英語で付けられています。

　なお、日本語フォントで、よく使われるフォントに、明朝体とゴシック体という種類があります。明朝体は、横の線が縦の線より細く、筆で文字を書いたような、はねや払いがあるタイプです。一方、ゴシック体は、横の線と縦の線の幅がほぼ同じタイプです。ゴシック体は、明朝体に比べて線が太くしっかりした印象があるので、新聞や雑誌などでは、大きな見出しはゴシック体のフォント、本文は明朝体のフォントが使用されるケースも多くあります。

　ちなみに、英文フォントには、セリフとサンセリフという種類があります。セリフは、一般的に横の線が縦の線より細く、文字の先端に短い線の飾りのようなものがあるタイプです。一方、サンセリフは、横の線と縦の線の幅がほぼ同じで先端の飾りがないタイプです。

日本語フォントと英文フォントの例

日本語フォント

フォント	表示例
游明朝	今日は晴れています。
UD デジタル教科書体 NK-B	今日は晴れています。
HG 創英角ポップ体	今日は晴れています。

英文フォント

フォント	表示例
Arial	It's sunny today.
Impact	It's sunny today.
Ink Free	It's sunny today.

等幅フォントとプロポーショナルフォント

　フォントには、等幅フォントとプロポーショナルフォントという種類もあります。日本語フォントの「MSゴシック」や「MS明朝」などの等幅フォントは、文字の幅がすべて同じ幅のタイプです。一方、「MS Pゴシック」や「MS P明朝」などのフォント名に「P」の文字が付くプロポーショナルフォントは、文字によって文字の幅が異なるタイプです。たとえば、「W」は「I」よりも文字の幅が広く表示されます。

　Wordで指定される既定のフォントは、Word 2013というバージョンまでは、MS明朝やMSゴシックでした。Word 2016からは、游明朝や游ゴシックが指定されています。游明朝や游ゴシックは、日本語などの全角文字の幅は同じで、半角文字の幅は文字によって異なる、新しいタイプのものです。

等幅フォントとプロポーショナルフォントの例

游明朝	今日は晴れています。	あいうえお	
	It's sunny today.	WIDTH	
游ゴシック	今日は晴れています。	あいうえお	
	It's sunny today.	WIDTH	
MS 明朝	今日は晴れています。	あいうえお	
	It' s sunny today.	WIDTH	
MSP 明朝	今日は晴れています。	あいうえお	
	It' s sunny today.	WIDTH	
MS ゴシック	今日は晴れています。	あいうえお	
	It' s sunny today.	WIDTH	
MSP ゴシック	今日は晴れています。	あいうえお	

COLUMN

フォントファミリ

フォントのファイルは、通常、WindowsフォルダーのFontsフォルダー（C:¥Windows¥Fonts）に保存されています。英文フォントの多くは、同じフォントで、太字や斜体などの書体をフォントファミリとしてまとめて管理しています。たとえば、「Arial」フォントのフォントファミリは、「Arial」フォントをダブルクリックすると確認できます。また、Windowsの設定画面の [個人用設定] ─ [フォント] からフォントの表示イメージを確認することもできます。

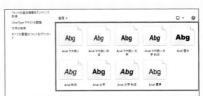

見出しや本文に利用するフォントとは？

　フォントを指定するときは、むやみにさまざまなフォントを使用してしまうと、雑然として読みづらい印象になってしまいます。Wordでは、テーマごとに見出しや本文のフォントが指定されています。そのため、複数の見出しと本文を含む文書でフォントを設定するときは、見出しにはテーマのフォントの見出し、本文にはテーマのフォントの本文を選択すると統一感のある文書になるでしょう。

　ただし、文字にテーマのフォントの見出しを設定する場合は、通常は、見出しスタイルを設定します（152ページ参照）。そうすると、指定した文字のフォントが自動的にテーマのフォントの見出しになります。文字を選択して、［ホーム］タブの［フォント］ボックスからテーマのフォントの見出しを選択しても、見出しスタイルの機能は利用できないので注意してください。

　テーマのフォントの上の2つは、英文の見出しや本文で使用するフォント、下の2つは、日本語の見出しや本文で使用するフォントです。テーマのフォントを指定している場合、英数字なのか日本語なのかは自動的に判別されて、それぞれの見出しや本文のフォントが適用されます。

テーマ：「Office」のテーマのフォント

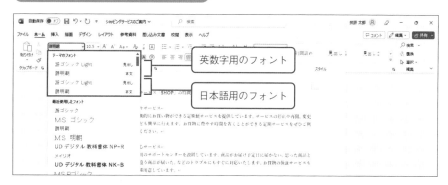

COLUMN

記号を表示するフォント

フォントには、記号を表示するフォントもあります。たとえば、「Wingdings」というフォントを選択すると、さまざまな記号を表示できます。［挿入］タブの［記号と特殊文字］をクリックし、［その他の記号］をクリックして、［記号と特殊文字］ダイアログボックスを表示し、フォントを選択すると、記号を選択できます。

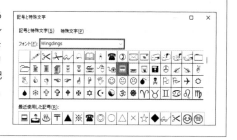

フォントを変更する

① フォントを設定する文字を選択します。

② [ホーム] タブの [フォント] の右側の [▼] をクリックします。

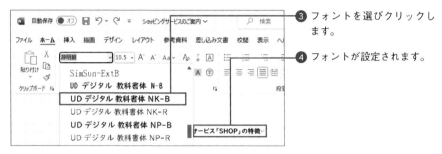

③ フォントを選びクリックします。

④ フォントが設定されます。

COLUMN

日本語フォントと英文フォントを設定する

日本語フォントと英文フォントをまとめて設定したい場合は、文字を選択して、[フォント] ダイアログボックスで、[日本語用のフォント] [英数字用のフォント] を指定します。すると、ひらがなや漢字は [日本語用のフォント]、半角英数字は [英数字用のフォント] で指定したフォントが指定されます。[プレビュー] 欄で設定イメージを確認できます。

020 フォントサイズの違いを保ったまま文字を大きくする

フォントサイズを変更する

　文字を目立たせるには、文字書式を設定します。ビジネス文書では、一般的にタイトルや見出しは目立つように大きな文字で表示します。また、重要項目や要点が目立つようにするには、文字に太字や下線の書式を付けます。

　ただし、むやみに文字の大きさを変えたり、文字書式を付けたりすると、かえって読みづらくなります。たとえば、見出しや本文などの文書を構成する要素が一目で区別できるように、それぞれ同じ書式を設定し、読みやすくなるように工夫しましょう。

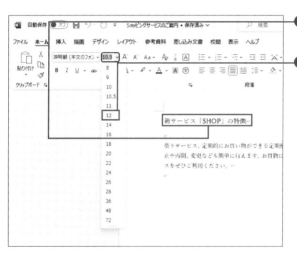

❶ 大きさを変更する文字を選択します。

❷ [ホーム] タブの [フォントサイズ] から大きさを選択します。

COLUMN

行の高さを変えずに文字を大きく見せる

文字の大きさを変更すると、行の高さが調整されて文字が大きく表示されます。行の高さが変わることで文書全体の配置が崩れてしまう場合は、文字の幅を広くして大きく見せる方法を試してみましょう。この場合、行の高さは、変更されません。

フォントサイズをまとめて変更する

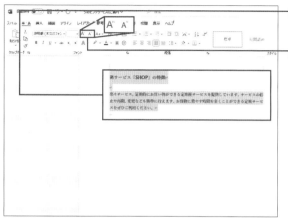

❶ 大きさを変更する文字を選択します。

❷ [フォントサイズの拡大] ([フォントサイズの縮小]) をクリックします。

MEMO ショートカットキー

ショートカットキーを使用して文字を少しずつ大きくするには、[Ctrl] + [Shift] + [>] キーを押します。小さくするには、[Ctrl] + [Shift] + [<] キーを押します。

❸ 文字の大きさの違いを保ったまま文字の大きさが変わります。

— COLUMN —

太字や斜体、下線の書式を付ける

文字に太字や斜体、下線などの書式を付けるには、[ホーム] タブのボタンを使用します。太字は [B]、斜体は [I]、下線は [U] のボタンです。書式を解除するには、対象の文字を選択して [B] [I] [U] の書式のボタンをクリックします。

注目してほしいキーワードなどを強調するには、文字の色を変えたり太字を設定したりすると効果的です。また、要約文などの少し長めの文字を強調するときなどには、下線を活用すると控え目に強調できます。ただし、下線は、画面で見たときにハイパーリンクが設定されているものと誤解される可能性もあります。斜体は、日本語の文字に設定すると印刷したときに見づらくなる場合があるので注意します。また、日本語のフォントでは、斜体を設定しても斜体にならないものもあります。

021 複数の文字書式を まとめて設定する

複数の文字書式を付ける

　文字に複数の書式を組み合わせて設定すると、文字やタイトルなどを派手に飾ることができます。複数の書式をまとめて設定するには、[フォント]ダイアログボックスを利用すると便利です。ただし、ビジネス文書では、派手な飾りを付けすぎると散漫な印象になり見づらくなることもあります。派手な飾りは、イベント告知のチラシなどに限って使用を検討しましょう。

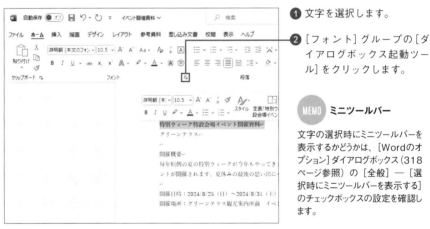

❶ 文字を選択します。

❷ [フォント]グループの[ダイアログボックス起動ツール]をクリックします。

MEMO ミニツールバー

文字の選択時にミニツールバーを表示するかどうかは、[Wordのオプション]ダイアログボックス（318ページ参照）の［全般］―［選択時にミニツールバーを表示する］のチェックボックスの設定を確認します。

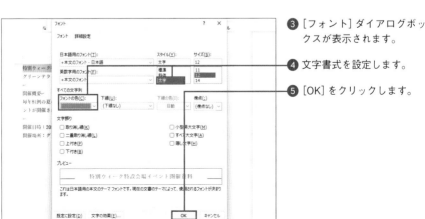

❸ [フォント]ダイアログボックスが表示されます。

❹ 文字書式を設定します。

❺ [OK]をクリックします。

⑥ 文字に指定した書式が設定
されます。

文字は残して書式だけをクリアする

　文字書式や段落書式などの複数の書式の組み合わせをまとめて削除するには、[ホーム] タブの [すべての書式をクリア] をクリックします。書式を解除すると、[標準] スタイルが適用された状態の文字に戻ります。

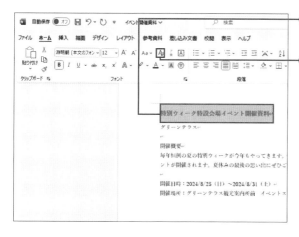

❶ 書式を解除する文字を選択
します。

❷ [ホーム] タブの [すべての
書式をクリア] をクリックす
ると、書式が解除されます。

MEMO　段落書式だけ解除する

文字の配置などの段落書式だけを解除するには、段落内をクリックして、[ホーム] タブの [すべての書式をクリア] をクリックする方法があります。

COLUMN

文字書式や段落書式だけを解除する

選択している文字列に文字書式と段落書式の両方を設定しているとき、文字書式、また段落書式のみ解除するには、次のショートカットキーを使うと便利です。たとえば、段落の配置などはそのままで文字の書式のみ解除したりできます。

書式を解除するショートカットキー

ショートカットキー	内容
Ctrl + スペース キー	選択している文字の文字書式を解除します。
Ctrl + Q キー	選択している段落の段落書式を解除します。
Ctrl + Shift + N キー	文字に [標準] スタイルを適用して元の状態に戻します。

022 文字にふりがなを振る

ふりがなを表示する

　漢字の読み方がわかりづらいものや、複数の読み方が考えられる名前などは、わかりやすいようにふりがなを表示すると親切です。ふりがなを設定すると、漢字のふりがなを表示しなさいという命令文が指定されます。同じ単語や名前に同じふりがなを表示するときは、まとめて設定できます。

　なお、ふりがなのことを、ルビとも言います。Wordでふりがなを振るには、ルビを設定します。

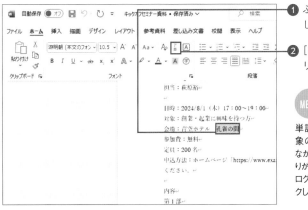

❶ ふりがなを振る文字を選択します。

❷ [ホーム] タブの [ルビ] をクリックします。

> **MEMO 文字の配置**
>
> 単語にふりがなを振るときは、対象の文字列の幅を基準にふりがなが表示されます。文字ごとにふりがなを振るには、[ルビ] ダイアログボックスの [文字単位] をクリックします。

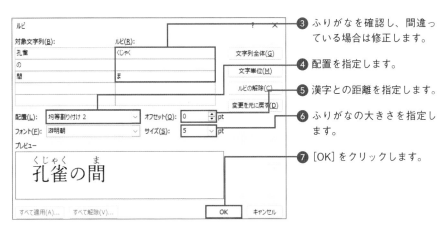

❸ ふりがなを確認し、間違っている場合は修正します。

❹ 配置を指定します。

❺ 漢字との距離を指定します。

❻ ふりがなの大きさを指定します。

❼ [OK] をクリックします。

会場：青空ホテル 孔雀の間←

参加費：無料←

定員：200 名←

申込方法：ホームページ「https://www.

● ⑧ ふりがなが表示されます。

MEMO ふりがなの解除

ふりがなを解除するには、ふりがなが設定されている文字を選択して、手順②の方法で設定画面を表示して [ルビの解除] をクリックします。

同じ漢字に同じふりがなを振る

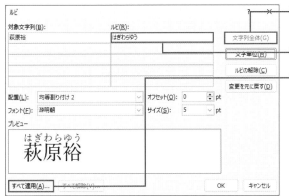

● ① ふりがなを振る文字を選択します。

● ② [ホーム] タブの [ルビ] をクリックします。

● ③ [文字列全体] をクリックします。

● ④ ふりがなを確認します。

● ⑤ [すべて適用] をクリックします。

MEMO 文字列全体を選択する

同じ単語に同じふりがなをまとめて設定する場合、文字列全体のふりがなを表示します。ふりがなが文字単位になっているときは、[文字列全体] をクリックします。

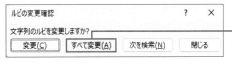

● ⑥ すべて変更する場合は [すべて変更] をクリックします。

● ⑦ [OK] をクリックすると、同じ単語にふりがなが表示されます。

第2章 書類にメリハリを付ける！書式設定即効テクニック

69

023 文字や文字列を ○や□で囲む

印や注のように文字を○や□で囲む

文字を○や□などで囲って強調するには、囲い文字を設定する方法があります。ただし、注や印、①②③などのよく見かける○で囲まれた文字は、囲い文字ではなく、「ちゅう」や「いん」「1」などの文字を変換して記号として入力できます。記号として入力できる場合は、そのほうが、手軽に扱えて便利です。なお、囲い文字の設定によっては、行間が広くなったり、文字の大きさを変更したときに文字が見づらくなったりすることがあるので注意します。

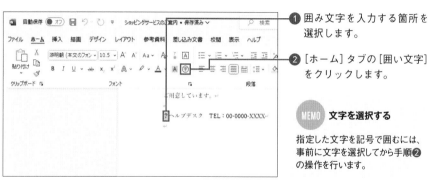

❶ 囲み文字を入力する箇所を選択します。

❷ [ホーム] タブの [囲い文字] をクリックします。

MEMO 文字を選択する

指定した文字を記号で囲むには、事前に文字を選択してから手順❷の操作を行います。

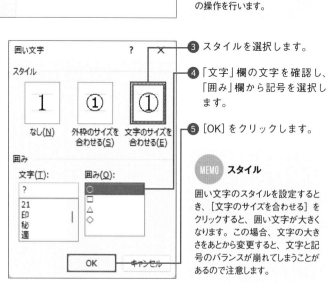

❸ スタイルを選択します。

❹ 「文字」欄の文字を確認し、「囲み」欄から記号を選択します。

❺ [OK] をクリックします。

MEMO スタイル

囲い文字のスタイルを設定するとき、[文字のサイズを合わせる] をクリックすると、囲い文字が大きくなります。この場合、文字の大きさをあとから変更すると、文字と記号のバランスが崩れてしまうことがあるので注意します。

⑥ 囲い文字が表示されます。

文字や文書を枠線で囲む

文字や段落に枠線を付けて飾るには、[線種とページ罫線と網かけの設定]ダイアログボックスで指定します。設定の対象を文字にするか段落にするかを忘れずに確認します。また、ページ全体を枠線で囲む方法は、143ページを参照してください。

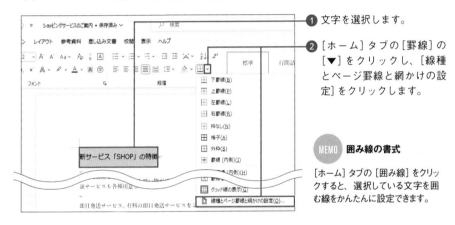

① 文字を選択します。

② [ホーム]タブの[罫線]の[▼]をクリックし、[線種とページ罫線と網かけの設定]をクリックします。

MEMO 囲み線の書式

[ホーム]タブの[囲み線]をクリックすると、選択している文字を囲む線をかんたんに設定できます。

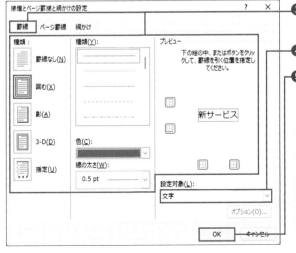

③ [罫線]タブで線の位置や種類、色や太さを選択します。

④ [設定対象]を確認します。

⑤ [OK]をクリックすると、文字に枠線が表示されます。

MEMO 段落全体に枠線や色を付ける

タイトルの行全体に枠線を付けるなど、段落全体に枠線や色を付けるには、[線種とページ罫線と網かけの設定]ダイアログボックスで右下の[設定対象]を[段落]にして設定を行います（73ページ参照）。

71

024 文字の背景に色を付ける

文字の背景部分に色を付ける

　文字を目立たせたり、見出しと本文をはっきりと区別したりするには、文字や見出しの背景に色を付ける方法があります。グレーの網かけのみを単純に設定する場合は、[ホーム] タブの [文字の網かけ] で指定できます。指定した色を設定するには、塗りつぶしの機能を使って文字の背景の色を選択します。また、蛍光ペンを使う方法もあります（250ページ参照）。蛍光ペンの付いた箇所は、検索機能で順に確認したり、蛍光ペンを印刷するかしないかを指定したりできます。文書の見出しを目立たせるなど、文書全体の見た目を整える場合は塗りつぶしの色、文書内の気になる箇所に印を付ける場合は蛍光ペンを指定するといった使い分けができます。

文字に網かけを設定する

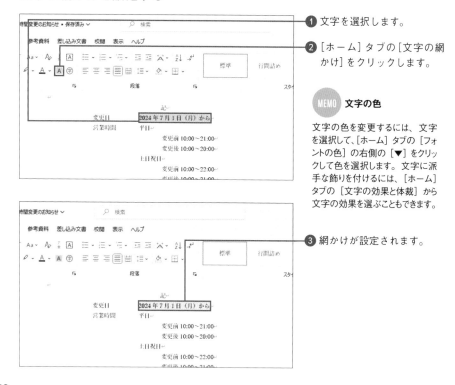

❶ 文字を選択します。

❷ [ホーム] タブの [文字の網かけ] をクリックします。

MEMO 文字の色

文字の色を変更するには、文字を選択して、[ホーム] タブの [フォントの色] の右側の [▼] をクリックして色を選択します。文字に派手な飾りを付けるには、[ホーム] タブの [文字の効果と体裁] から文字の効果を選ぶこともできます。

❸ 網かけが設定されます。

背景の色を設定する

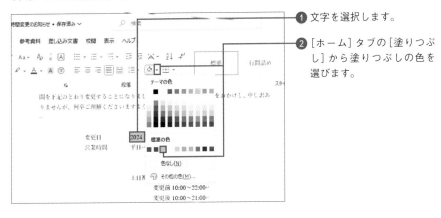

❶ 文字を選択します。

❷ [ホーム] タブの [塗りつぶし] から塗りつぶしの色を選びます。

❸ 文字の背景に色が付きました。

COLUMN

段落全体に色を付ける

段落全体に塗りつぶしの色を付けるには、[線種とページ罫線と網かけの設定] ダイアログボックスで指定する方法があります（71ページ参照）。設定対象を「段落」にするのがポイントです。

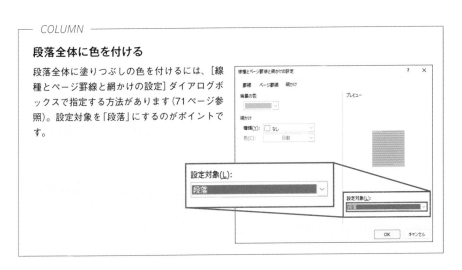

025 スタイルを理解する

スタイルとは?

　スタイルとは、文字や段落に設定する書式の組み合わせを登録して管理しているものです。スタイルには、下の表のようにいくつかの種類があります。スタイルを登録するとき、特に指定しない場合は、[リンク(段落と文字)]が指定されます。

　スタイルは、単に文字の書式を管理するためだけのものではありません。あらかじめ用意されている見出しスタイルというスタイル(152ページ参照)を使用すると、文書全体の構成を確認したり編集したりできます。長文の資料を効率よく管理・作成するときは、スタイルの使用は必須とも言えます。

スタイルの種類の例

スタイルの種類	内容
文字スタイル	文字書式を登録できます。
段落スタイル	段落単位に指定する段落書式と文字書式を登録できます。
リンク (段落と文字)	段落書式と文字書式を登録できます。文字を選択してスタイルを適用すると文字の書式、段落を選択してスタイルを適用すると段落の書式が適用される柔軟なスタイルです。

① ここでは、見出しのスタイルを段落に設定します。対象の段落を選択します。

② [ホーム]タブの[スタイル]の[スタイル]をクリックします。

③ スタイルの一覧が表示されます。

④ ここでは、「見出し1」のスタイルをクリックします。[スタイル]欄に表示されている[見出し1]をクリックしても、同様に設定できます。

026 組み込みスタイルを
設定する

組み込みのスタイルを利用する

　スタイルには、さまざまな種類があります。ここでは、あらかじめ登録されている組み込みのスタイルから文字に書式を設定します。組み込みスタイルを使用すると、自分でスタイルを定義しなくても、あらかじめ定義されているスタイルを手軽に利用できます。

　また、長文を作成するときには、見出しに組み込みスタイルの見出しを設定します(152ページ参照)。見出しのスタイルを利用すると、文書の構成をかんたんに確認したり、入れ替えたりなどできます。長文を効率よく管理するには、見出しスタイルの利用は欠かせません。

① スタイルを適用する文字を選択します。

② [ホーム]タブの[スタイル]の[スタイル]をクリックします。

③ スタイルを選択します。

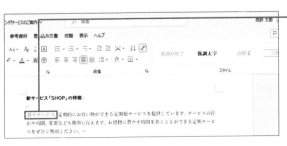

④ 指定したスタイルの書式が設定されます。

 **見出しスタイル**

見出しのスタイルは、長文を作成するときに利用すると便利なスタイルです（152ページ参照）。

027 独自のスタイルを作成する

独自のスタイルを作成する

文字や段落に指定した書式を登録して使いまわせるようにするには、書式をスタイルに登録して利用する方法があります。ここでは、文字に設定した書式や文字飾りの組み合わせを「強調ポイント」という名前を付けてスタイルに登録します。

❶ スタイルに登録する書式が設定されている文字を選択します。

❷ [ホーム] タブの [スタイル] の [スタイル] をクリックします。

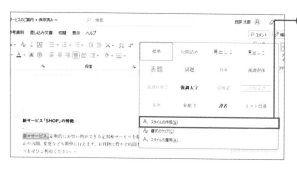

❸ [スタイルの作成] をクリックします。

MEMO スタイルを変更する

スタイルに登録した書式を変更する方法は、153ページで紹介しています。

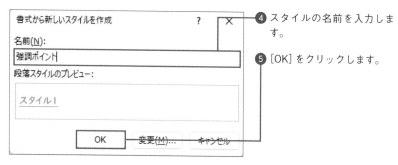

❹ スタイルの名前を入力します。

❺ [OK] をクリックします。

登録したスタイルを適用する

① 登録したスタイルを適用する文字を選択します。

② [ホーム] タブの [スタイル] から適用するスタイルをクリックします。

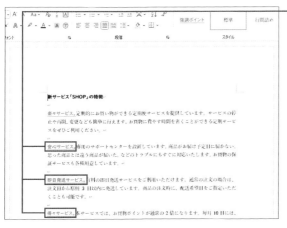

③ 文字にスタイルが適用されます。

COLUMN

スタイルの詳細を指定する

スタイルには、74ページで紹介したように、いくつかの種類があります。スタイルの種類などを細かく指定するには、スタイルを作成する画面で [変更] をクリックすると表示される画面で指定します。作成するスタイルを利用する文書の指定もできます。

文字は残して書式だけをコピー／貼り付けする

文字の内容は変えずに、文字の書式や段落の配置などの書式情報のみをコピーするには、[ホーム]タブの[書式のコピー/貼り付け]を使います。

書式のコピー／貼り付けを連続して行う場合は、[書式のコピー/貼り付け]をダブルクリックするのがポイントです。そうすると、書式の貼り付け連続して行うモードに固定されます。書式を貼り付ける箇所が1か所の場合は、[書式のコピー/貼り付け]をクリックして貼り付け先を選択します。この場合、書式の貼り付けが終わると、書式の貼り付けを行うモードが自動的に解除されます。

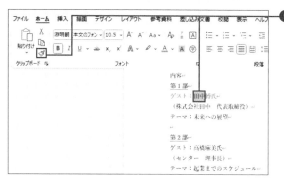

❶ コピーしたい書式が設定されている文字を選択し、[ホーム]タブの[書式のコピー/貼り付け]をダブルクリックします。

❷ マウスポインターの形が変わり、書式を貼り付けるモードになります。あとは、書式を設定したい箇所をドラッグします。

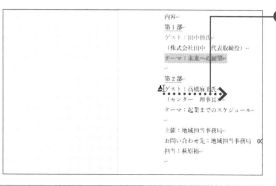

❸ 続いて、書式の貼り付け先をドラッグします。書式を貼り付けるモードを解除するには、Esc キーを押します。

第 3 章

文章が見やすくなる！
段落書式必須テクニック

028 段落を理解する

段落とは？

　段落とは、↵の次の行から次の↵までのまとまった単位のことです。

　段落単位に設定する段落書式を設定するとき、1つの段落に対して設定を行うときは、段落内の文字すべてを選択する必要はありません。段落内をクリックすると、その段落を選択していることになりますので、そのまま段落書式を設定できます。複数の段落に対して設定をするときは、変更するそれぞれの段落の一部、または、すべてを選択します。

1つの段落を選択する

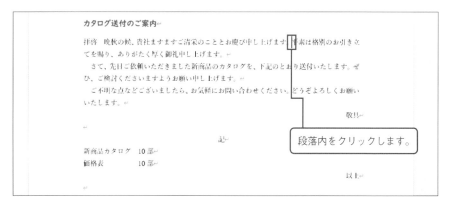

段落内をクリックします。

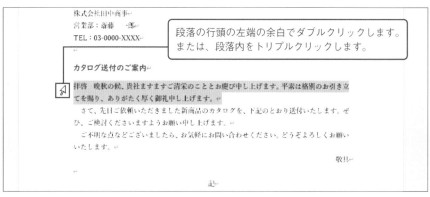

段落の行頭の左端の余白でダブルクリックします。
または、段落内をトリプルクリックします。

複数の段落を選択する

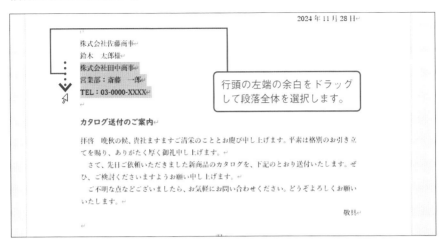

行頭の左端の余白をドラッグして段落全体を選択します。

行と段落

　勘違いをしやすいのですが、Wordでは、行と段落は、厳密に言うと異なります。行とは1行ごとの文字列のことです。文字列が1行だけの段落の場合は特に意識する必要はありませんが、複数行にわたる段落の場合、行を選択して文字の配置を変更しても、その行を含む段落の書式が変更されることに注意してください。「行」と「段落」という単位の違いを知り、何に対して設定をしようとしているか意識しながら操作しましょう。

COLUMN

文書全体を選択する

文書全体を選択するには、文書中で Ctrl ＋ A キーを押します。また、いずれかの行の行頭の左端の余白をトリプルクリックします。

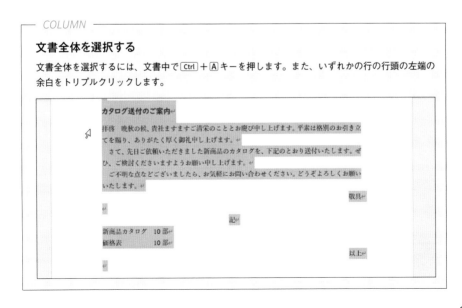

029 右、左、中央に揃える

文字の配置を指定する

　ビジネス文書では、ある程度、決まったレイアウトで文書を作成することが多いでしょう。一般的には、発信日は文書の先頭に右に揃えて配置します。また、宛名のあとの差出人情報も右に揃えて配置します。タイトルは中央に配置し、そのあと、本文などを入力します。文字の配置は、段落ごとに指定できます。段落の配置の既定値は、両端揃え（84ページ参照）です。

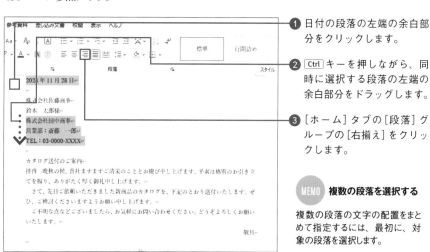

❶ 日付の段落の左端の余白部分をクリックします。

❷ Ctrl キーを押しながら、同時に選択する段落の左端の余白部分をドラッグします。

❸ [ホーム] タブの [段落] グループの [右揃え] をクリックします。

> **MEMO 複数の段落を選択する**
>
> 複数の段落の文字の配置をまとめて指定するには、最初に、対象の段落を選択します。

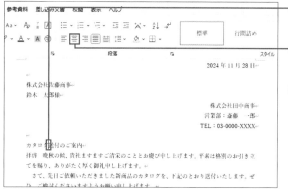

❹ タイトルの段落内をクリックして選択します。

❺ [ホーム] タブの [中央揃え] をクリックします。

❻ 文字が中央に揃います。

文字の入力中に配置を指定する

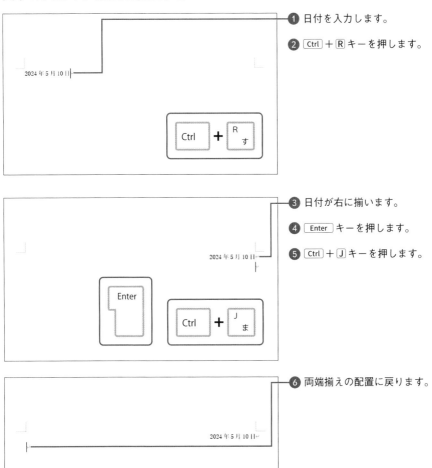

❶ 日付を入力します。

❷ Ctrl + R キーを押します。

❸ 日付が右に揃います。

❹ Enter キーを押します。

❺ Ctrl + J キーを押します。

❻ 両端揃えの配置に戻ります。

MEMO ショートカットキー

段落の配置は、以下のショートカットキーで指定できます。左はLeftの「L」、右はRightの「R」と覚えましょう。

段落の配置を変更するショートカットキー

ショートカットキー	配置
Ctrl + L キー	左揃え
Ctrl + E キー	中央揃え
Ctrl + R キー	右揃え
Ctrl + J キー	両端揃え
Ctrl + Shift + J キー	均等割り付け

030 文書の左右の両端を揃える

左揃えと両端揃えの違い

　文字の配置の既定値は、両端揃えという設定です。日本語の横書きは左から書くので、左揃えと両端揃えの違いはわかりづらいかもしれません。左揃えの場合、右端の位置は揃いませんが、両端揃えの場合は、1行分を満たす文字が入力されている場合、文字に空白などが入って左端と右端が揃います。そのため、通常は、両端揃えを使用します。下の図は、同じ段落を両端揃えや左揃え、右揃え、中央揃えで配置したものです。

　なお、均等割り付けは、タイトルなどを行の幅いっぱいに割り付けて表示したり、文字を○文字分に割り当てて配置するときなどに利用できます。

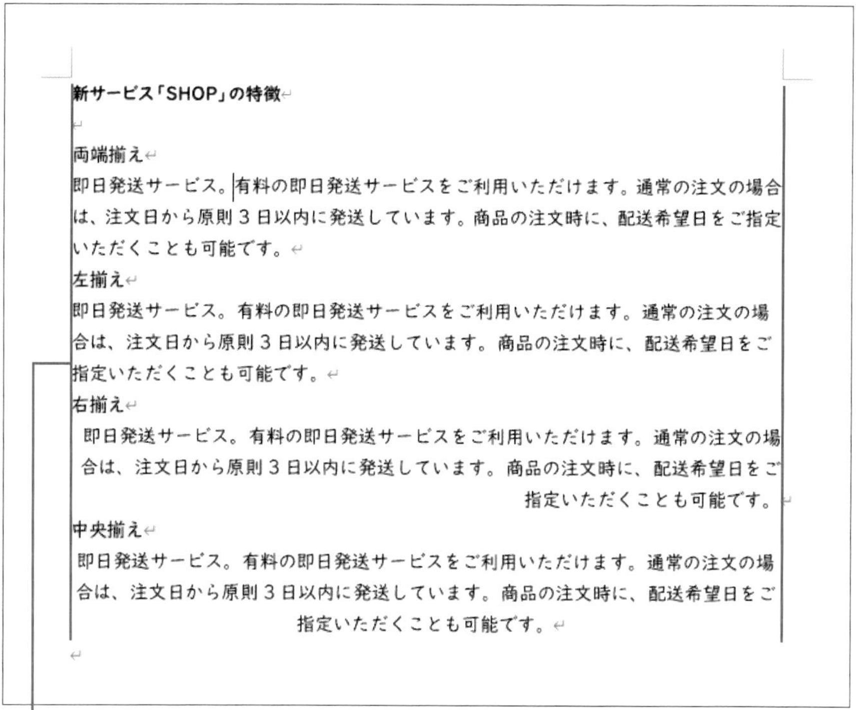

新サービス「SHOP」の特徴

両端揃え
即日発送サービス。有料の即日発送サービスをご利用いただけます。通常の注文の場合は、注文日から原則 3 日以内に発送しています。商品の注文時に、配送希望日をご指定いただくことも可能です。

左揃え
即日発送サービス。有料の即日発送サービスをご利用いただけます。通常の注文の場合は、注文日から原則 3 日以内に発送しています。商品の注文時に、配送希望日をご指定いただくことも可能です。

右揃え
　即日発送サービス。有料の即日発送サービスをご利用いただけます。通常の注文の場合は、注文日から原則 3 日以内に発送しています。商品の注文時に、配送希望日をご指定いただくことも可能です。

中央揃え
　即日発送サービス。有料の即日発送サービスをご利用いただけます。通常の注文の場合は、注文日から原則 3 日以内に発送しています。商品の注文時に、配送希望日をご指定いただくことも可能です。

両端揃えは、左揃えと比べて左右の両端が揃っているのがわかります。

両端揃えで右端をきれいに揃える

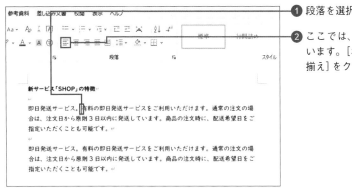

1 段落を選択します。

2 ここでは、左揃えになっています。[ホーム]タブの[左揃え]をクリックします。

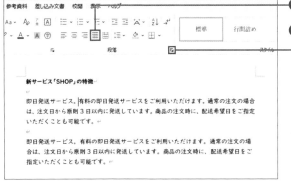

3 両端揃えの設定に戻ります。

4 [ホーム]タブの[段落]グループの[ダイアログボックス起動ツール]をクリックします。

5 [段落]ダイアログボックスで[配置]の設定を確認できます。

6 [OK]をクリックして画面を閉じます。

MEMO 両端揃えに戻す

ここでは、左揃えの設定を解除するために、[ホーム]タブの[左揃え]をクリックして両端揃えに戻します。右揃えや中央揃えの設定の場合は、それぞれ[右揃え][中央揃え]をクリックします。また、[両端揃え]をクリックして設定を変更しても構いません。

031 文字を均等に割り付ける

均等割り付けとは？

　指定した範囲に文字を均等に割り付けるには、均等割り付けを設定します。タイトルなどの文字を目立たせたり、箇条書きの項目の配置を整えたりする目的で使用します。この機能を使う場合、まずは、ルーラーを表示して左右の位置を確認しましょう。段落の左右の位置を調整する方法は、82ページを参照してください。

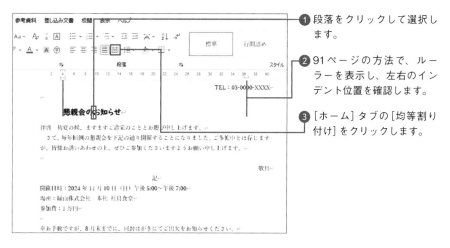

❶ 段落をクリックして選択します。

❷ 91ページの方法で、ルーラーを表示し、左右のインデント位置を確認します。

❸ [ホーム] タブの [均等割り付け] をクリックします。

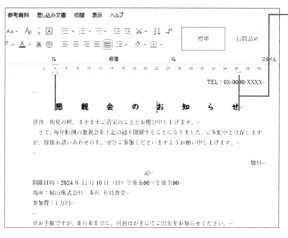

❹ 文字が均等に割り付けられます。

MEMO 文字の間隔

文字と文字の間隔を指定するには、文字を選択して [ホーム] タブの [フォント] グループの [ダイアログボックス起動ツール] をクリックします。[フォント] ダイアログボックスの [詳細設定] タブの [文字間隔] 欄で指定できます。この場合、文字の間隔をポイント単位の数値などで指定できます。

「日時」や「集合場所」などの項目を均等に割り付ける

　別記事項の各項目の文字を、指定した文字数分の幅に均等に割り付けます。配置を整えたい複数の文字列を選択して操作します。

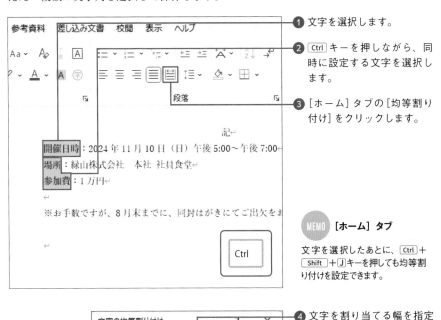

❶ 文字を選択します。

❷ [Ctrl] キーを押しながら、同時に設定する文字を選択します。

❸ [ホーム] タブの [均等割り付け] をクリックします。

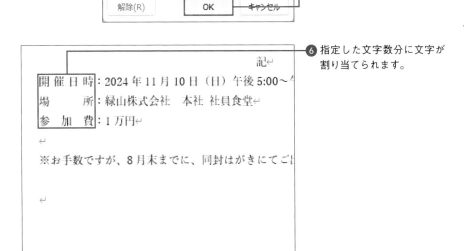

❹ 文字を割り当てる幅を指定します。

❺ [OK] をクリックします。

❻ 指定した文字数分に文字が割り当てられます。

032 インデントを設定して字下げする

インデントとは？

　インデントとは、段落内の文字の左端や右端の位置、1行目の左端や2行目以降の左端の位置を調整する設定のことです。文書中の文字を読みやすくしたり、見栄えを整えたりする目的で指定します。

　インデントにはいくつかの種類があります。別記事項の箇条書きの項目など、段落の左端の位置を調整するには [ホーム] タブのボタンを使うとかんたんなんです。1文字ずつ字下げできます。その他、文字の配置を細かく指定する場合は、ルーラーに表示されるインデントマーカーを使って調整するとよいでしょう (90ページ参照)。

行頭の位置を右にずらす

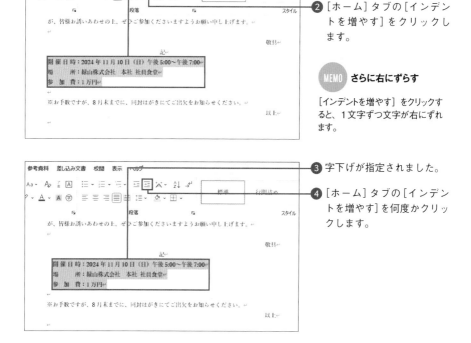

1 インデントを設定する段落を選択します。

2 [ホーム] タブの [インデントを増やす] をクリックします。

MEMO さらに右にずらす

[インデントを増やす] をクリックすると、1文字ずつ文字が右にずれます。

3 字下げが指定されました。

4 [ホーム] タブの [インデントを増やす] を何度かクリックします。

行頭の位置を左に戻す

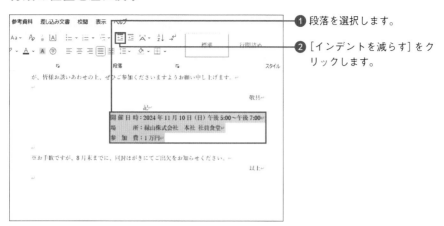

❶ 段落を選択します。

❷ [インデントを減らす]をクリックします。

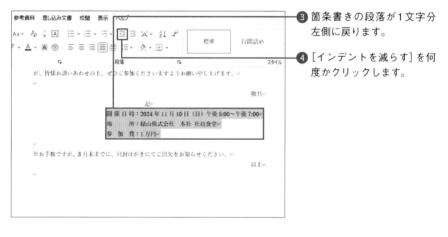

❸ 箇条書きの段落が1文字分左側に戻ります。

❹ [インデントを減らす]を何度かクリックします。

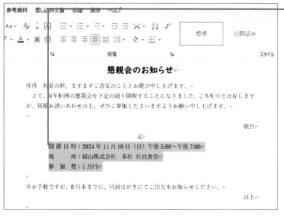

❺ 選択していた段落の左端の位置が左にずれます。

033 インデントマーカーで
文字の左位置を揃える

インデントマーカーとは？

インデントマーカーとは、インデントの位置を調整するものです。インデントマーカーは、ルーラー上に表示されます。ルーラーとは、文字や図形などの位置を調整するときの目安になるもので、タブやインデントの設定なども表示されます。インデントにはいくつかの種類があります。どの種類のインデントを設定するのかによって、それぞれのインデントマーカーを操作します。

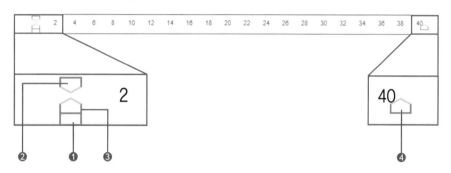

インデントマーカーの種類

インデントマーカー		内容
❶ ［左インデント］マーカー		1行目のインデントとぶら下げインデントの間隔を保ったまま段落の左端の位置を指定します。
❷ ［1行目のインデント］マーカー		段落の先頭行の左位置を指定します。
❸ ［ぶら下げインデント］マーカー		段落の2行目以降の行の左位置を指定します。また、箇条書きや段落番号の設定をしているときに、記号や番号と文字までの距離を指定します。
❹ ［右インデント］マーカー		段落の右端の位置を指定します。

段落の左右の位置を指定する

文書の中で、複数の段落のまとまりをわかりやすく表示するには、段落の左位置や右位置を下げて配置する方法があります。また、右や左に図や画像などを入れるとき、画像の周囲だけでなく上下の段落も空欄にしたい場合なども、インデントで設定できます。

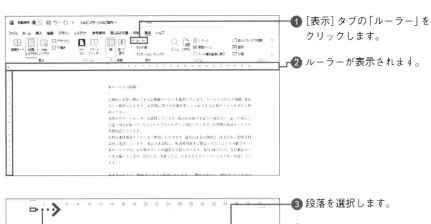

① [表示] タブの「ルーラー」を
クリックします。

② ルーラーが表示されます。

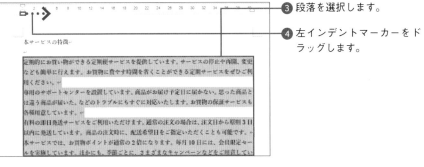

③ 段落を選択します。

④ 左インデントマーカーをド
ラッグします。

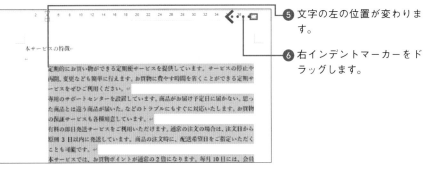

⑤ 文字の左の位置が変わりま
す。

⑥ 右インデントマーカーをド
ラッグします。

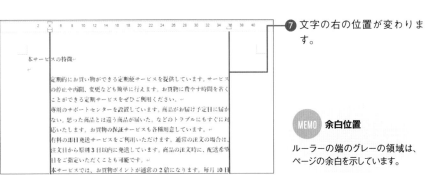

⑦ 文字の右の位置が変わりま
す。

MEMO **余白位置**

ルーラーの端のグレーの領域は、
ページの余白を示しています。

1行目だけ字下げする

　複数行にわたる段落で、段落の区別をわかりやすくするには、段落のあとに空間を入れる方法や（101ページ参照）、段落の1行目のみ先頭文字を字下げする方法があります。後者の方法は、空間を入れるスペースがない場合に便利です。

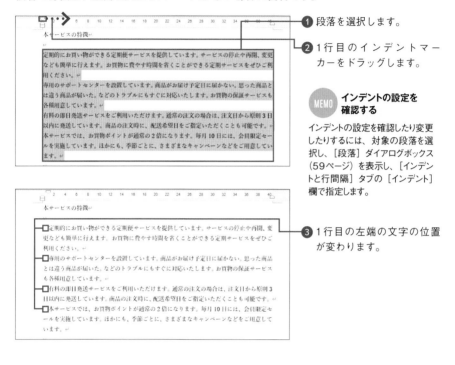

① 段落を選択します。

② 1行目のインデントマーカーをドラッグします。

MEMO　インデントの設定を確認する

インデントの設定を確認したり変更したりするには、対象の段落を選択し、[段落] ダイアログボックス（59ページ）を表示し、[インデントと行間隔] タブの [インデント] 欄で指定します。

③ 1行目の左端の文字の位置が変わります。

スペースで字下げする

入力オートフォーマットの設定（38ページ参照）で、[行の始まりのスペースを字下げに変更する] がオンになっている場合、1行目の冒頭でスペースキーを押して空白を入れて文字を入力して、Enter キーを押すと、1行目のインデントが自動的に設定されます。

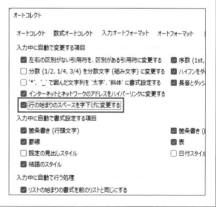

2行目以降を字下げする

　段落の2行目以降の文字の左位置を調整するには、ぶら下げインデントを設定します。箇条書きの書式を設定した場合などに、行頭の記号が目立つように2行目以降の左位置を字下げして調整するときなどに使用します。

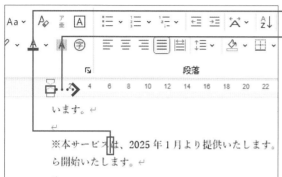

① 段落を選択します。

② ぶら下げインデントマーカーをドラッグします。

MEMO 微妙に調整する

[Alt]キーを押しながらインデントマーカーをドラッグすると、文字数の目安の数字が表示されます。数字を見ながら位置を微妙に調整できます。

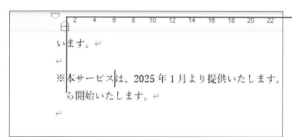

③ 2行目以降の文字の位置が変わります。

COLUMN

ルーラーの表示単位

ルーラーの目盛の単位を文字数ではなく、センチやミリに変更するには、[Wordのオプション]ダイアログボックス（318ページ参照）の[詳細設定]の[表示]欄で[単位に文字幅を指定する]のチェックを外し、[使用する単位]から単位を選択します。

034 文字を行の途中から揃えて入力する

Tab キーで文字の位置を揃えながら文字を入力する

　文字の左端の位置を揃えるには、インデントを指定する方法のほか、タブを使用する方法があります。タブとは、Tab キーを押して文字の位置を整える機能です。文字を決まったパターンで配置するには表を使うと便利ですが、タブを使っても、表と同じように文字の配置を整えられます。数行程度であれば、表を作成する手間を省き文字の配置をかんたんに整えられて便利です。

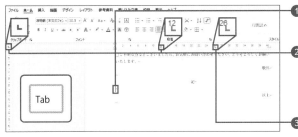

❶ タブを設定する段落を選択します。

❷ ルーラーの左端の「L」の表示を確認し、ルーラー上のタブを配置する場所をクリックします。

❸ 同様に、タブを配置する場所をクリックします。

❹ Tab キーを押します。

❺ タブを追加した位置まで文字カーソルが移動するので、文字を入力して Tab キーを押します。

❻ 次のタブ位置に文字カーソルが移動したら、文字を入力して Enter キーを押します。

❼ 同様に Tab キーや Enter キーでカーソルを移動しながら文字を入力します。

タブの種類

タブには、次のような種類があります。新規に追加するタブの種類を指定するには、ルーラーの左端のタブの印（94ページ参照）をクリックします。タブの種類を指定後、ルーラー上をクリックすると指定したタブを追加できます。

タブ		内容
左揃え	∟	既定のタブ。文字の先頭位置を揃えます。
中央揃え	⊥	文字列の中心位置を揃えます。
右揃え	⅃	文字列の右端の位置を揃えます。
小数点揃え	ⅉ	文字列内に小数点がある場合、小数点の位置を揃えます。
縦棒	▮	文字の配置を揃える目的ではなく、文字列を区切る線を表示するときに使います。

文字の表示位置を表のように揃える

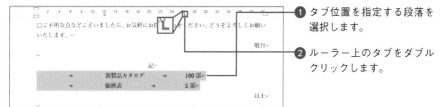

1 タブ位置を指定する段落を選択します。

2 ルーラー上のタブをダブルクリックします。

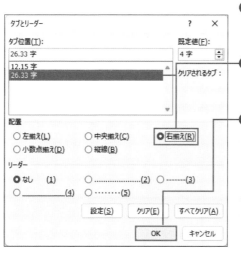

3 選択している段落に設定されているタブ一覧が表示されます。

4 ここでは、2つ目の右側のタブの項目をクリックし、[右揃え]をクリックします。

5 [OK]をクリックします。

MEMO Tab キー

Tab キーを押すと、通常4文字分文字カーソルが移動します。段落にタブを設定すると、Tab キーを押したときに、指定した箇所まで文字カーソルが移動します。

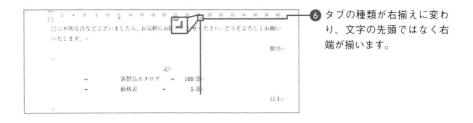

⑥ タブの種類が右揃えに変わり、文字の先頭ではなく右端が揃います。

文字の末尾と文字の先頭位置を点線でつなぐ

タブ位置までの空白の箇所を点線で結ぶには、タブにリーダーを設定します。点線を表示する場所のタブ位置を選択してから指定します。

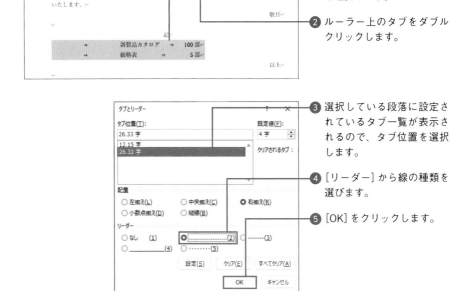

① タブが設定されている段落を選択します。

② ルーラー上のタブをダブルクリックします。

③ 選択している段落に設定されているタブ一覧が表示されるので、タブ位置を選択します。

④ [リーダー] から線の種類を選びます。

⑤ [OK] をクリックします。

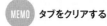

⑥ タブまでの位置に線が表示されます。

> **MEMO　タブをクリアする**
>
> タブの設定を解除するには、タブが設定されている段落を選択して、[タブとリーダー] ダイアログボックスを表示し、[すべてクリア]をクリックします。また、タブが設定されている段落の末尾で [Enter] キーを押すと、タブの設定が次の段落にも反映されます。標準のスタイルに戻すには、[Ctrl] + [Shift] + [N] キーを押す方法があります。

ページの途中から文字を入力する

　ページの途中から文字を入力したい場合、[Enter] キーを何度も押して改行する必要はありません。文字を入力する箇所でダブルクリックして文字カーソルを移動します。なお、ダブルクリックするときは、マウスポインターの形に注意します。ダブルクリックした位置に応じて文字の配置などが変わります。

❶ 文字を入力したい箇所にマウスポインターを移動します。

❷ マウスポインターの形を確認し、ダブルクリックします。

> **MEMO　クリックアンドタイプ**
>
> ダブルクリックして文字カーソルを移動して編集する機能をクリックアンドタイプと言います。機能を使用できない場合は、[Wordのオプション] ダイアログボックス（318ページ参照）の [詳細設定] の [クリックアンドタイプ編集を行う] がオンになっているか確認します。

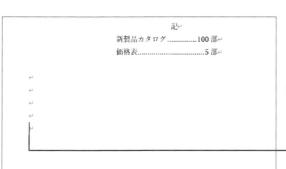

❸ 文字カーソルが移動します。

035 行間を自在に調整する

行間とは？

　行間というと、行と行の間の空欄の長さをイメージするかもしれませんが、Wordの行間とは、行の下端から次の行の下端までの長さのことです。特に指定しない場合は、行間は「1行」の設定です。行間が詰まっていると、文字が読みづらい場合もあります。また、文字の分量が少ないと、文字が用紙の上部によってバランスが悪く見えることもあります。文字の分量などに合わせて調整しましょう。

　なお、フォントを変更すると、フォントのデザインによって上下の余白位置が変わるため、行間が変わることがあります。また、既定では、文字を行グリッド線に合わせて配置する設定になっているため、フォントによっては、グリッド線の2行分に合わせて1行分の文字が配置され、行間が大きく広がってしまいます。次の例は、既定のフォントの場合と、フォントをメイリオに設定した場合です。グリッド線に合わせる設定などを解除する方法を覚えておくとよいでしょう。

　また、1ページ内の行数や文字数を指定する方法は、119ページを参照してください。

フォントが游明朝の場合

フォントをメイリオに変更すると?

 グリッド線

グリッド線を表示するには、［表示］タブの［グリッド］のチェックをオンにします。

行間を指定する

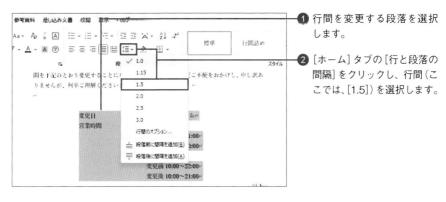

① 行間を変更する段落を選択します。

② [ホーム] タブの [行と段落の間隔] をクリックし、行間 (ここでは、[1.5]) を選択します。

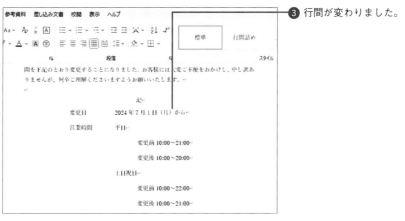

③ 行間が変わりました。

COLUMN

全体の行の間隔を調整する

一部の段落の行間ではなく、文書全体の行の間隔を変更するには、用紙内の行数を変更する方法があります。[ページ設定] ダイアログボックスで指定します (119ページ参照)。

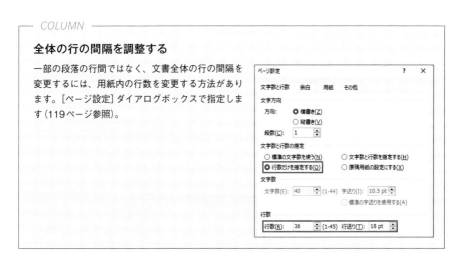

行間の位置を細かく指定する

　段落内の行間の位置を細かく調整するには、段落に関する設定をする [段落] ダイアログボックスで行います。ここでは、指定した段落の行間を、元の行間より25%狭い大きさに、わざと変更してみます。グリッド線に合わせる設定をオフするのがポイントです。

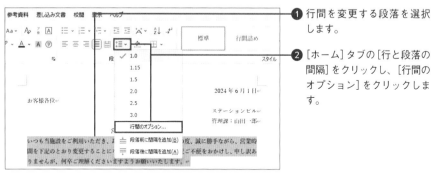

❶ 行間を変更する段落を選択します。

❷ [ホーム] タブの [行と段落の間隔] をクリックし、[行間のオプション] をクリックします。

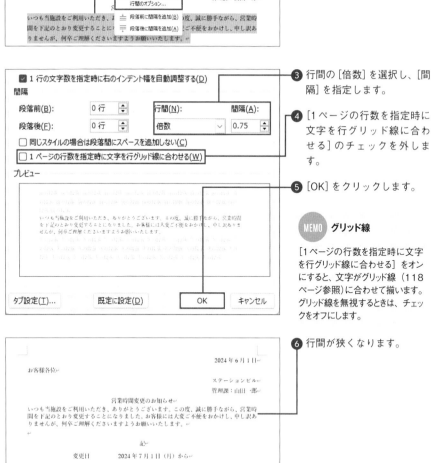

❸ 行間の [倍数] を選択し、[間隔] を指定します。

❹ [1ページの行数を指定時に文字を行グリッド線に合わせる] のチェックを外します。

❺ [OK] をクリックします。

MEMO グリッド線

[1ページの行数を指定時に文字を行グリッド線に合わせる] をオンにすると、文字がグリッド線 (118ページ参照) に合わせて揃います。グリッド線を無視するときは、チェックをオフにします。

❻ 行間が狭くなります。

COLUMN

詳細を指定する

行間の大きさを細かく指定したい場合は、100ページ手順❷で［行間のオプション］を選択します。表示される画面の［行間］欄で指定します。

行間	内容
1 行	行の下端から次の行の下端までの長さの既定値。
1.5 行	1 行の 1.5 倍。
2 行	1 行の 2 倍。
最小値	［間隔］欄で間隔を指定します。行内の最大の文字が収まるように自動調整されます。
固定値	［間隔］欄で間隔を指定します。文字の大きさを変えても、行間の間隔は変わらず固定されます。
倍数	［間隔］欄で数値を指定します。「1 行」を基準に、「1.25 行」「1.5 行」など指定できます。

段落の前後の間隔を指定する

　段落の上や下に適度な空白を入れて配置のバランスを整えるには、段落の前後の間隔を指定します。たとえば、見出しの段落のあとに空白を入れると、見出しと本文の区別が付きやすくなります。空白の間隔は、行数やポイントで指定できます。改行で空白を入れるより空白の大きさを自由に指定できます。

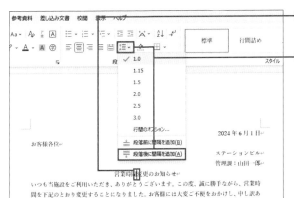

❶ 段落の前後の間隔を変更する段落を選択します。

❷ ［ホーム］タブの［行と段落の間隔］をクリックし、［段落後の間隔を追加］を選択します。

MEMO 数値で指定

段落前や段落後の間隔を細かく指定するには、［行間のオプション］をクリックします。表示される画面で段落前や段落後の間隔を指定します。

❸ 段落後の間隔が変わりました。

段落の先頭に箇条書きの記号を表示する

箇条書きの行頭文字を指定する

　箇条書きで項目を列記するときは、箇条書きの書式を設定するとよいでしょう。行頭に記号が付くので、項目の数や違いがわかりやすくなります。記号と文字の左端までの距離は、ぶら下げインデントの設定で指定できます。

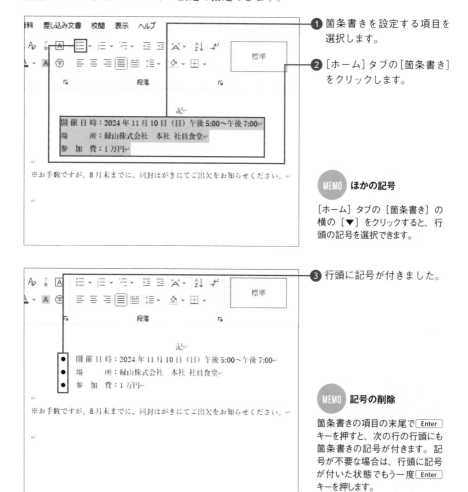

❶ 箇条書きを設定する項目を選択します。

❷ [ホーム]タブの[箇条書き]をクリックします。

MEMO ほかの記号

[ホーム]タブの[箇条書き]の横の[▼]をクリックすると、行頭の記号を選択できます。

❸ 行頭に記号が付きました。

MEMO 記号の削除

箇条書きの項目の末尾で Enter キーを押すと、次の行の行頭にも箇条書きの記号が付きます。記号が不要な場合は、行頭に記号が付いた状態でもう一度 Enter キーを押します。

箇条書きの項目の途中で改行する

　箇条書きの書式を設定して行頭に記号を表示したあと、行末で改行すると、次の行の行頭にも記号がつきます。行頭の記号を消すには、箇条書きの書式を解除するか、同じ段落の中で強制的に改行する方法があります。

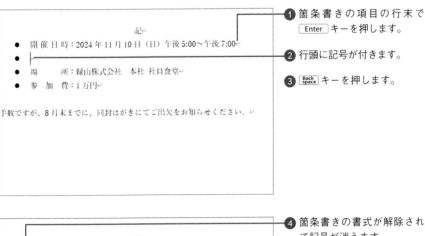

❶ 箇条書きの項目の行末で [Enter] キーを押します。

❷ 行頭に記号が付きます。

❸ [Back space] キーを押します。

❹ 箇条書きの書式が解除されて記号が消えます。

❺ 必要に応じて文字を入力します。

COLUMN

強制的に改行する

　箇条書きの項目の途中で、[Shift] ＋ [Enter] キーを押すと、段落内で改行されます。すると行区切りの指示が入って強制的に改行されます。行区切りとは、段落の中で強制的に改行したいときに指定する区切りです。見た目は改行されますが、次に [Enter] キーで改行するまでは、同じ段落のままと見なされます。

```
　　　　　　　　　　　記↵
● 開 催 日 時：2024 年 11 月 10 日（日）午後 5:00～午後 7:00↵
　↵
● 場　　　所：緑山株式会社　本社 社員食堂↵
● 参 加 費：1 万円↵

手数ですが、8 月末までに、同封はがきにてご出欠をお知らせください。↵
```

103

037 段落の先頭に番号を振る

段落番号を設定する

　箇条書きの項目を列記するとき、何かの手順を書いたり、項目の数を強調したり、項目を番号で区別できるようにしたい場合は、段落番号の書式を設定します。段落番号では、項目をあとから追加したり削除したりした場合も、番号が自動的に調整されます。番号と文字の左端までの距離は、ぶら下げインデントの設定で指定できます。

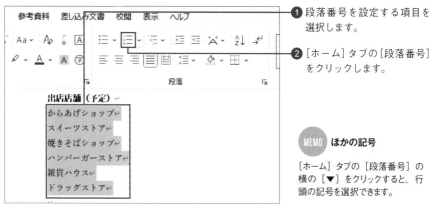

❶ 段落番号を設定する項目を選択します。

❷ [ホーム] タブの [段落番号] をクリックします。

MEMO ほかの記号

[ホーム] タブの [段落番号] の横の [▼] をクリックすると、行頭の記号を選択できます。

❸ 行頭に番号が付きました。

MEMO 番号の削除

箇条書きの項目の末尾で Enter キーを押すと、次の行の行頭にも番号が付きます。番号が不要な場合は、行に番号が付いた状態でもう一度 Enter キーを押します。

段落番号を1から振り直す

　段落番号の書式を設定すると，通常は1から順に番号が振られます。項目の種類が変わる場合など、途中の項目から番号を1から振り直すには、対象の項目の番号を右クリックして指示します。

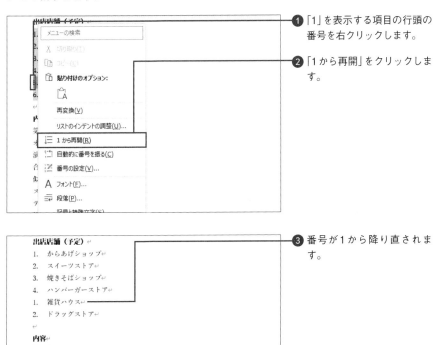

❶「1」を表示する項目の行頭の番号を右クリックします。

❷「1から再開」をクリックします。

❸ 番号が1から降り直されます。

自動的に番号を振り直す

番号を途中から降り直したあと、自動的に番号を振り直す設定に戻すには、段落番号を右クリックし、[自動的に番号を振る]をクリックします。

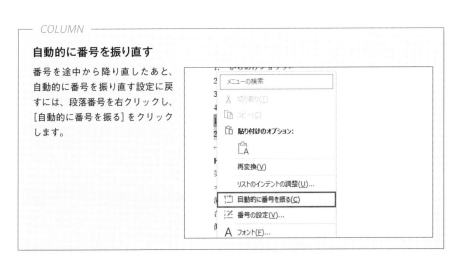

段落番号を指定の番号から振り直す

　段落番号の書式を設定して行末で Enter キーを押すと、同じリスト内で連続した番号が振られます。項目の途中から、指定の番号から順に番号を振り直すには、番号の設定を変更します。新しいリストを追加して、最初の番号を指定します。

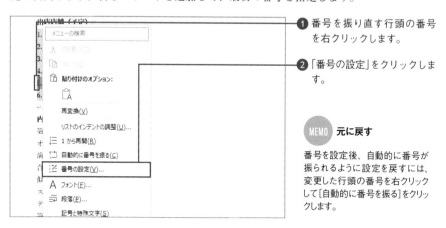

❶ 番号を振り直す行頭の番号を右クリックします。

❷「番号の設定」をクリックします。

MEMO 元に戻す

番号を設定後、自動的に番号が振られるように設定を戻すには、変更した行頭の番号を右クリックして[自動的に番号を振る]をクリックします。

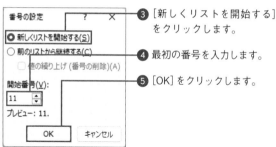

❸［新しくリストを開始する］をクリックします。

❹ 最初の番号を入力します。

❺［OK］をクリックします。

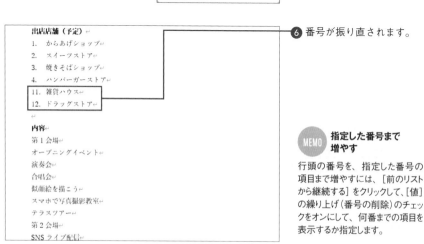

❻ 番号が振り直されます。

MEMO 指定した番号まで増やす

行頭の番号を、指定した番号の項目まで増やすには、［前のリストから継続する］をクリックして、［値］の繰り上げ（番号の削除）のチェックをオンにして、何番までの項目を表示するか指定します。

階層ごとに段落内で番号を振る

箇条書きの項目を階層ごとに分類して番号を振ってわかりやすくするには、「1」「1-1」「1-2」、「2」「2-1」「2-3」のように表示する方法があります。段落番号を振る前にインデントを設定して、番号の表示方法を指定します。また、長文で「第1章」「第1節」「第2節」「第2章」「第1節」・・・など番号を表示する場合は、見出しスタイルを設定してアウトラインを作成します（152ページ参照）。

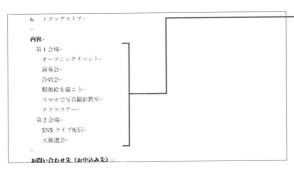

❶ インデントを設定しておきます（88ページ参照）。

 MEMO 階層に沿って設定する

ここでは、上位の階層「第1会場」「第2会場」の段落を1文字分字下げしています。また、それぞれ下の階層の内容の段落を2文字分字下げしています。

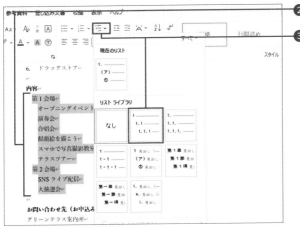

❷ 段落全体を選択します。

❸ ［ホーム］タブの［アウトライン］をクリックし、リストライブラリから表示方法をクリックします。

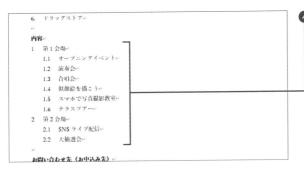

❹ 階層ごとに段落番号が表示されます。

038

行頭の記号の前の半端なスペースを消す

行頭の記号を半分のスペースで表示する

　行頭に「【」などの記号を表示すると、ほかの行と比べて、文字の左位置が右にずれて見えることがあります。文字の左端の位置をほかの行と揃って見えるようにするには、行頭の記号の幅を半分にします。

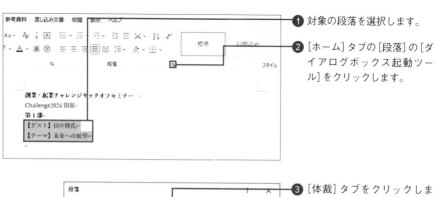

❶ 対象の段落を選択します。

❷ [ホーム] タブの [段落] の [ダイアログボックス起動ツール] をクリックします。

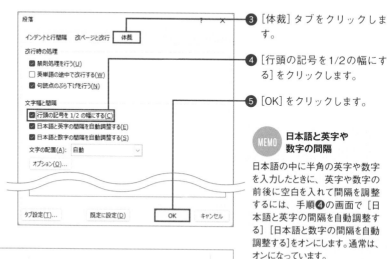

❸ [体裁] タブをクリックします。

❹ [行頭の記号を1/2の幅にする] をクリックします。

❺ [OK] をクリックします。

> **MEMO 日本語と英字や数字の間隔**
>
> 日本語の中に半角の英字や数字を入力したときに、英字や数字の前後に空白を入れて間隔を調整するには、手順❹の画面で [日本語と英字の間隔を自動調整する] [日本語と数字の間隔を自動調整する] をオンにします。通常は、オンになっています。

❻ 記号の幅が1/2になり、左端の位置が揃います。

039 1文字目を複数行にわたって大きく表示する

先頭行の1つ目の文字を大きくして配置する

　雑誌やチラシなどでは、文章の先頭文字を複数行にわたって大きく配置して目立たせるレイアウトを見かけることがあります。このような配置をドロップキャップと言います。ドロップキャップを設定すると、段落の始まりを目立たせて注目を引くことができます。ドロップキャップの設定は、表示モードを［印刷レイアウト］にして確認します。

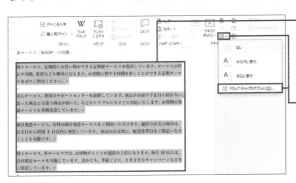

❶ 段落を選択します。

❷ Ctrl キーを押しながら、同時に選択する段落をドラッグして選択します。

❸ ［挿入］タブの［ドロップキャップの追加］の［ドロップキャップのオプション］をクリックします。

❹ ドロップキャップの種類を選びます。

❺ 使用するフォントを指定します。

❻ 何行分に文字を配置するか、先頭文字と本文の間隔などを指定します。

❼ ［OK］をクリックします。

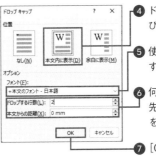

MEMO 複数の段落を選択

ドロップキャップを複数の段落に設定するときは、Ctrl キーを押しながらそれぞれの段落を選択します。ひとまとめに文書範囲を選択した場合うまくいかないので注意します。

040

株式、 キロメ ートル のように1文字で 会社、 複数文字を表示する

選択した文字を1文字分で表示する

　限られたスペースに文字をまとめて配置したい場合は、組み文字を指定する方法があります。最大6文字までの文字を1文字分の大きさで表示できます。なお、株式会社の文字やキロメートルなどの単位は、「かぶしき」や「キロメートル」の文字を変換して記号として入力できます。記号として入力できる場合は、そのほうが手軽に扱えます。組み文字は、文字の大きさを変更した場合などに文字が見づらくなる場合があるので注意します。

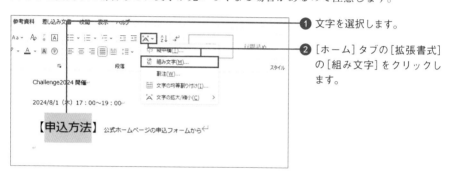

❶ 文字を選択します。

❷ [ホーム] タブの [拡張書式] の [組み文字] をクリックします。

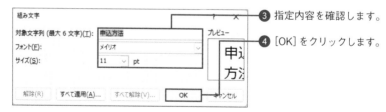

❸ 指定内容を確認します。

❹ [OK] をクリックします。

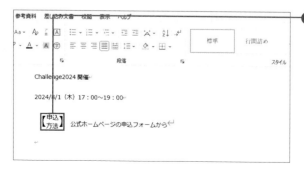

❺ 文字が1文字で表示されます。

MEMO 組み文字の解除

組み文字を解除するには、組み文字を選択して手順❷の方法で [組み文字] ダイアログボックスを表示し、[解除] をクリックします。

041

1行に2行分の説明を割注で表示する

1行に2行分の文字を表示する

　短い補足説明を入力するとき、1行で収めたい内容が2行に分かれてしまう場合などは、1行に2行分の文字を配置する割注を使う方法を試してみましょう。文字のサイズを小さくすると、上下に余白ができますが、2行分を配置して隙間を埋めることで、小さいスペースに複数の文字を収められます。

❶ 割注にする文字を選択します。

❷ [ホーム] タブの [拡張書式] の [割注] をクリックします。

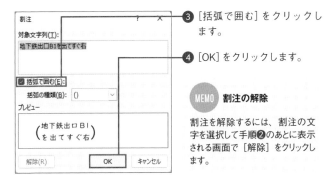

❸ [括弧で囲む] をクリックします。

❹ [OK] をクリックします。

MEMO **割注の解除**

割注を解除するには、割注の文字を選択して手順❷のあとに表示される画面で [解除] をクリックします。

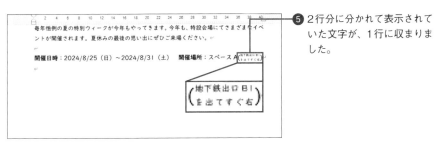

❺ 2行分に分かれて表示されていた文字が、1行に収まりました。

元に戻す／やり直す／繰り返す

文書の編集中は、直前に行った操作を繰り返して実行したり、実行した操作をキャンセルして元に戻したり、また、元に戻した操作をやっぱりやり直したりしながら作業を行います。その際、毎回、タブやリボンを切り替えて操作を実行するボタンを探すのは面倒です。[繰り返す][元に戻す][やり直す]といった操作は、クイックアクセスツールバーにあるボタンを利用します。

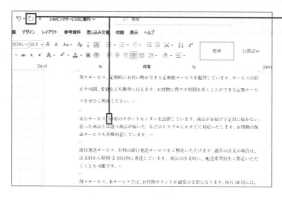

❶ 行間を変更する操作を行った直後、別の段落が選択された状態で同じ操作を繰り返すには、[繰り返し]をクリックします。

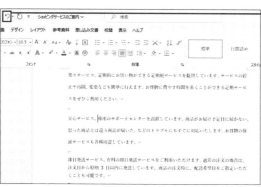

❷ 行間を変更する操作が実行されます。操作をキャンセルするには、[元に戻す]をクリックします。何度もクリックすると、さらに前の状態に戻ります。横の[▼]をクリックすると、どこまで戻すか指定できます。

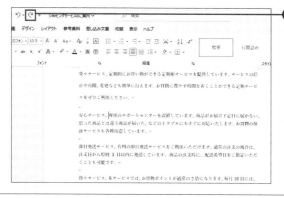

❸ 行間の変更が元に戻ります。元に戻す操作をしたあとは、[元に戻す]の右のボタンが[やり直し]になります。[やり直し]をクリックすると、元に戻す前の状態にやり直せます。

第 4 章

思い通りに配置する！
レイアウト設定快適テクニック

042 用紙サイズや用紙の向きを設定する

用紙のサイズを設定する

ビジネス文書を印刷するときは、A4用紙を縦にして印刷することが多いでしょう。Wordでも新しい文書を作成すると、A4用紙を縦向きにした白紙の文書が表示されます。小さいサイズのチラシや写真、はがきに印刷したりする場合などは、最初に、用紙の大きさや向きを変更して文書を作成します。文書を作成したあとに用紙の大きさや向きを変えると、文書のレイアウトが崩れてしまうので注意します。

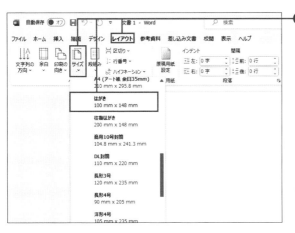

❶ [レイアウト] タブの [サイズ] をクリックし、用紙のサイズを指定します。

MEMO 用紙サイズが表示されない

手順❶で表示される用紙サイズは、選択しているプリンターによって異なります。プリンターの選択については、260ページを参照してください。

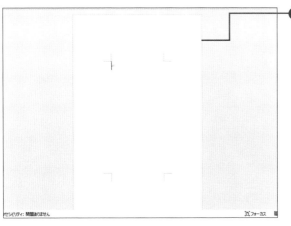

❷ 用紙のサイズが変わりました。

用紙の向きを設定する

① [レイアウト] タブの [印刷の向き] をクリックして用紙の向き (ここでは、[横]) を選択します。

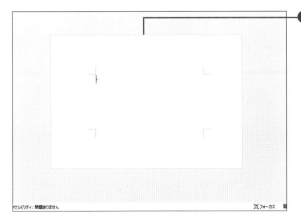

② 用紙の向きが変わりました。

MEMO 指定したページだけサイズや向きを変える

用紙のサイズや向きは、セクションごとに指定できます。複数ページにわたる文書で指定したページだけ用紙のサイズや向きを変えるには、セクションを分けてから指定します。

--- COLUMN ---

ページ設定画面で設定する

用紙サイズや印刷の向きは、[レイアウト] タブの [ページ設定] グループの [ダイアログボックス起動ツール] をクリックし、[ページ設定] ダイアログボックスで設定できます。用紙サイズは [用紙] タブ、印刷の向きは、[余白] タブで設定できます。

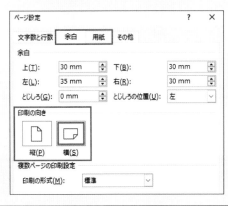

043 ページの余白を設定する

余白の大きさを一覧から選択する

　用紙の余白の大きさは、「狭い」や「広い」などの中から選択できます。また、余白の大きさを数値で指定することもできます。

　余白の位置を変更すると、1ページの文字数や行数の指定が変わります。そのため、文書の内容が用紙に収まらない場合、余白を狭くするときれいに収められたり、ページ数を抑えられたりもできます。

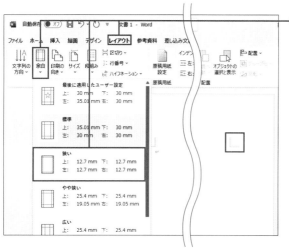

❶ [レイアウト] タブの [余白] をクリックし、余白の大きさを選択します。

❷ 余白の大きさが変わります。

 余白の表示

余白の大きさは、画面の四隅にグレーの線で表示されます。

ユーザー設定の余白を設定する

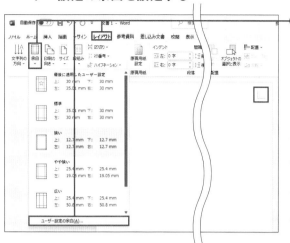

❶ [レイアウト] タブの [余白] をクリックし、[ユーザー設定の余白] をクリックします。

MEMO　上下の空欄を非表示にする

印刷レイアウト表示で、複数ページある文書を表示しているとき、用紙の上下の境界線部分をダブルクリックすると、上下の空欄やヘッダー／フッターが非表示になります。元の表示に戻すには、上下の境界線のグレーの線をダブルクリックします。

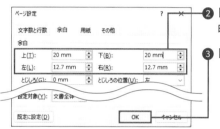

❷ [余白] タブで上下左右の余白位置を指定します。

❸ [OK] をクリックします。

❹ 余白位置が変わりました。

COLUMN

見開きページでとじしろの位置を指定する

手順❶で [ユーザー設定の余白] を選ぶと、[ページ設定] ダイアログボックスが表示されます。[余白] タブでは余白の大きさを細かく指定できます。たとえば、複数ページ印刷するときに、両面印刷をしてページを綴じるときは、[印刷の形式] で [見開きページ] を選択し、[とじしろ] を指定すると、ページの内側に空白ができるため、見開きページの内側の文字が読みやすくなります。

044 文字数と行数を指定する

行数と文字数の関係性を理解する

1ページに何行配置するか、1行に何文字配置するかを設定するには、[ページ設定]ダイアログボックス（115ページ参照）で指定できます。ただし、単純に文字数や行数を指定するだけでは、思うような結果にならないことがあります。原因のほとんどは、余白位置やフォント、行間、グリッド線に沿って文字を配置する設定との関係によるものです。思うように設定を変更できるようにさまざまな関係を理解しましょう。

ここでは、行数や文字の配置がわかりやすいように、行番号やグリッド線を表示します。ただし、グリッド線を表示すると、配置ガイドという緑の線が表示されなくなるので注意します（右のCOLUMN参照）。

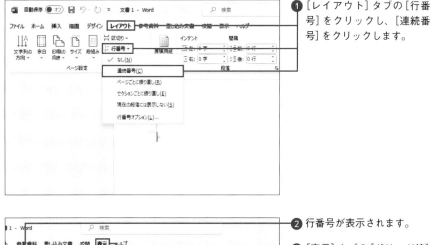

① [レイアウト]タブの[行番号]をクリックし、[連続番号]をクリックします。

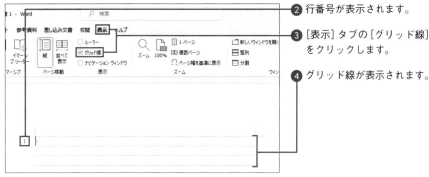

② 行番号が表示されます。

③ [表示]タブの[グリッド線]をクリックします。

④ グリッド線が表示されます。

グリッド線の詳細を指定する

グリッド線は、文字や図形などを配置するときの目安になる
線です。グリッド線の表示間隔などを設定するには、[ページ
設定] ダイアログボックスの[文字数と行数] タブの[グリッド
線] をクリックして[グリッドとガイド] 画面で指定します。
なお、グリッド線を表示すると、図形などを用紙の中央や端
に揃えるときに表示される配置ガイドという緑の線が表示さ
れなくなります。配置ガイドを表示するには、[グリッドとガ
イド] 画面で[配置ガイドの表示] をクリックします。配置ガ
イドとグリッド線は両方表示することはできません。

1ページ当たりの文字数と行数を指定する

[ページ設定] ダイアログボックスで1行の文字数や1ページの行数を設定します。文
字数や行数の指定に応じて、文字の間隔や行の間隔などが変わります。なお、游明朝や
メイリオなどのフォントの場合、フォントの上下に余白があるため、行数を指定しても
指定した行数にならない場合があります(98ページ参照)。行数を正しく変更するには、
「MS 明朝」などのほかのフォントに変更します。フォントを変更したくない場合は、全
段落を選択し、[段落] ダイアログボックスを表示して、[行間] を[固定値] にして、[間
隔] 欄に、手順❹の[行数] を指定すると表示される[行送り] の値を入力して[OK] をク
リックします。また、フォントが「MS P明朝」などのプロポーショナルフォント(61ペー
ジ参照) の場合、文字数を指定しても指定した文字数にならないので注意します。

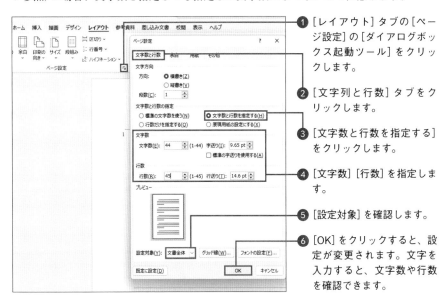

❶ [レイアウト] タブの[ペー
ジ設定] の[ダイアログボッ
クス起動ツール] をクリッ
クします。

❷ [文字列と行数] タブをク
リックします。

❸ [文字数と行数を指定する]
をクリックします。

❹ [文字数] [行数] を指定しま
す。

❺ [設定対象] を確認します。

❻ [OK] をクリックすると、設
定が変更されます。文字を
入力すると、文字数や行数
を確認できます。

選択した範囲の文字数を知る

　選択した範囲や文書全体の文字数を知るには、文字カウント機能を使います。［文字カウント］ダイアログボックスには、ページ数や文字数、段落数や行数などが表示されます。また、文字数は、ステータスバーで確認することもできます。

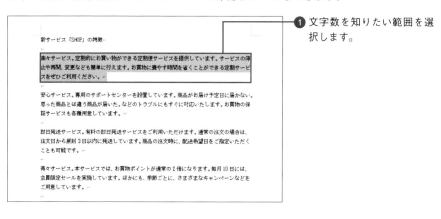

❶ 文字数を知りたい範囲を選択します。

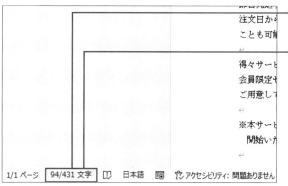

❷ ステータスバーに文字数が表示されます。

❸ ステータスバーの［文字カウント］をクリックします。

MEMO ステータスバー

ステータスバーに文字数が表示されていない場合は、ステータスバーの空いているところを右クリックして［文字カウント］をクリックします。

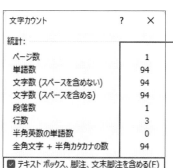

❹ 文字数などが表示されます。

❺ テキストボックスや脚注、文末脚注の文字数をカウントするには、チェックを付けます。

MEMO 文書全体の文字数

文書全体のページ数や文字数をカウントする場合、文字を選択していない状態で手順❸の操作を行います。

指定した部分のみ文字数や行数を変更する

　文書の一部のみ、1行当たりの文字数や用紙内の行数を変更するには、文書にセクション区切りを追加して文書を複数のセクションに分割します。文書全体ではなくセクションに対して設定します。

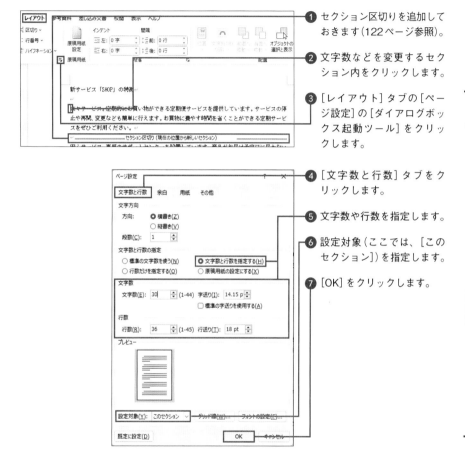

① セクション区切りを追加しておきます（122ページ参照）。

② 文字数などを変更するセクション内をクリックします。

③ ［レイアウト］タブの［ページ設定］の［ダイアログボックス起動ツール］をクリックします。

④ ［文字数と行数］タブをクリックします。

⑤ 文字数や行数を指定します。

⑥ 設定対象（ここでは、［このセクション］）を指定します。

⑦ ［OK］をクリックします。

⑧ 選択したセクションの文字数や行数が変わりました。

045 セクションを区切って自由にレイアウトする

セクションとは？

セクションとは、文書に追加する区切りの1つです。セクションごとに段組みのレイアウトや、用紙の向きやサイズ、ヘッダー／フッターの内容、縦書きや横書きの文字の方向などを指定できます。そのため、セクションを理解すれば、文書のレイアウトをより自由に変えられます。

セクションの操作に慣れるには、次の方法でステータスバーにセクション番号を表示しておくとよいでしょう。現在、作業しているセクションを把握しながら操作ができるため、セクションの存在を意識しやすくなります。

セクションの番号を表示する

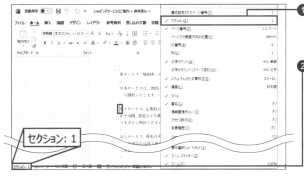

❶ ステータスバーを右クリックし、[セクション]をクリックします。

❷ 文字カーソル位置のセクションの番号が表示されます。

文書にセクションの区切りを入れる

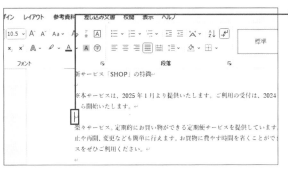

❶ セクションの区切りを入れる箇所をクリックします。

> **MEMO 編集記号の表示**
>
> セクションや改ページの区切りを確認するには、編集記号を表示します（236ページ参照）。区切りを削除するには、区切りを示す印を削除します。

❷ [レイアウト] タブの [区切り] をクリックします。

❸ どこからセクションを区切るか指定します。ここでは、[現在の位置から開始] をクリックします。

❹ セクションの区切りが入ります。

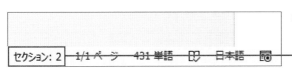

❺ 文字カーソルがある位置のセクション番号が表示されます。

COLUMN

セクションの区切りについて

セクションの区切りの種類は次のとおりです。どこから新しいセクションにするか指定します。

セクションの区切り	内容
次のページから開始	セクション区切りを追加した次のページから次のセクションになります。
現在の位置から開始	セクション区切りを追加した位置から次のセクションになります。
偶数ページから開始	セクション区切りを追加した位置の次の偶数ページから次のセクションになります。
奇数ページから開始	セクション区切りを追加した位置の次の奇数ページから次のセクションになります。

用紙サイズの異なるページを追加する

　用紙のサイズや向きは、セクションごとに指定できます。たとえば、最終ページに用紙サイズの異なるページを付けるには、セクションを区切って指定します。ここでは、あらかじめセクション区切りを入れた状態で操作します。

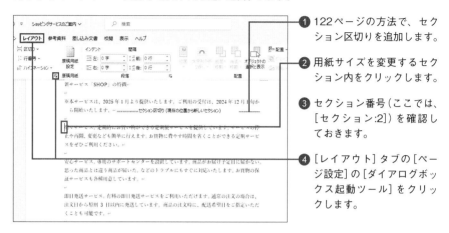

❶ 122ページの方法で、セクション区切りを追加します。

❷ 用紙サイズを変更するセクション内をクリックします。

❸ セクション番号（ここでは、[セクション:2]）を確認しておきます。

❹ [レイアウト]タブの[ページ設定]の[ダイアログボックス起動ツール]をクリックします。

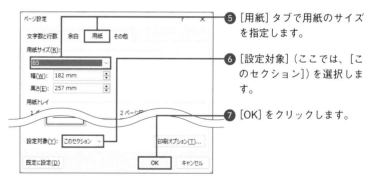

❺ [用紙]タブで用紙のサイズを指定します。

❻ [設定対象]（ここでは、[このセクション]）を選択します。

❼ [OK]をクリックします。

❽ 選択したセクションの用紙のサイズが変わります。

MEMO　セクションの区切り位置を変更する

セクションの区切り位置を変更するには、セクション区切りのすぐ後ろをクリックし、[レイアウト]タブの[ページ設定]の[ダイアログボックス起動ツール]をクリックします。[ページ設定]ダイアログボックスの[その他]タブの[セクションの開始位置]で指定します。

改ページの指示をして次のページを表示する

　文書の区切りで最もよく使うのは、改ページの区切りです。ページの途中で改ページして、次のページから改めて文字を入力したい場合は、改ページの区切りを入れます。［レイアウト］タブの［区切り］をクリックして［改ページ］をクリックしても改ページの指示を入れられます。

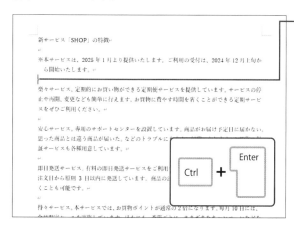

❶ 改ページを入れる場所をクリックします。

❷ Ctrl + Enter キーを押します。

MEMO　改ページとセクションの違い

改ページの区切りを入れると、次のページに文字カーソルが移動します。一方、セクションの区切りは、どこから新しいセクションにするのかを選択できます（123ページ参照）。単純にページを改めたい場合は改ページ、文書の一部分のみレイアウトを変更したり、同じ文書で異なるヘッダーやフッターを設定したい場合などはセクションの区切りを追加します。

❸ 改ページされました。

COLUMN

段落書式で改ページ位置を指定する

段落の途中でページが分割されないようにしたり、段落の前で改ページする指示を入れたい場合などは、段落を選択し、［段落］ダイアログボックス（85ページ参照）の［改ページと改行］タブで指定する方法があります。たとえば、見出し1の段落の前は、必ず改ページされるようにしたりできます（153ページ参照）。段落前で改ページする指示などを入れた段落は、先頭に■の印が表示されます。

046 段組みのレイアウトを設定する

文章を2段組みにする

　雑誌などでよく見かけるような、1行に複数の列を用意して文字を表示するには、段組の設定を行います。少ないページの中に、長い文章を配置しようとして1行当たりの文字数を多くすると読みづらくなることがありますが、段組みにすることで、1行当たりの長さが短くなるので、文章が読みやすくなります。段組みの設定は、セクションごとに指定できます。

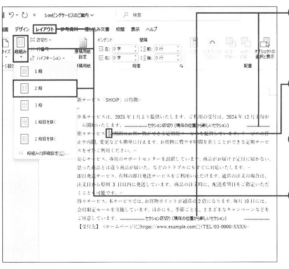

❶ 122ページの方法で、セクション区切り（現在の位置から新しいセクション）を追加しておきます。

❷ 段組みのレイアウトを設定するセクション内をクリックします。

❸ セクション番号（ここでは、［セクション:2］）を確認しておきます。

❹ ［レイアウト］タブの［段組み］をクリックして段数（ここでは、［2段］）を選択します。

MEMO 段の数

段の数を指定するには、手順❹で［段組みの詳細設定］をクリックして［段数］を指定します。設定できる数は、用紙サイズや余白の大きさなどによって異なります。

❺ 選択していたセクションに段組みが設定されます。

文章の途中に2段組みの文章を入れる

　文書の一部分だけを段組みの設定にするとき、あらかじめセクション区切りを入れなくても段組みの設定とセクション区切りの追加を同時に行う方法があります。段組みにする文字の範囲を選択してから操作します。

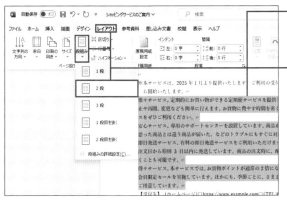

❶ 段組みのレイアウトを設定する文字の範囲を選択します。

❷ [レイアウト] タブの [段組み] をクリックして段数 (ここでは、[2段]) を選択します。

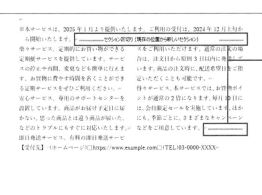

❸ 選択していた範囲が段組みのレイアウトになります。

❹ 選択していた範囲の前後にセクション区切りが追加されます。

 元に戻す

段組みの設定を元に戻すには、[レイアウト] タブの [段組み] をクリックして [1段] を選択します。ただし、セクション区切りの設定は残ったままになります。セクション区切りが不要な場合は、セクション区切りの指示を Delete キーや Back space キーで削除します。

COLUMN

セクションの区切りを削除した場合

セクションの区切りを削除すると、前のセクションと同じセクションになります。そのため、段組みのレイアウトが前のセクションにも反映されて文書全体のレイアウトが崩れてしまうことがあります。間違えてセクションの区切りを消してしまった場合は、操作を元に戻すか、もう一度セクションの区切りを設定し直して、それぞれのセクションの段組みの設定を再度行います。

段組みの段の間隔を変更する

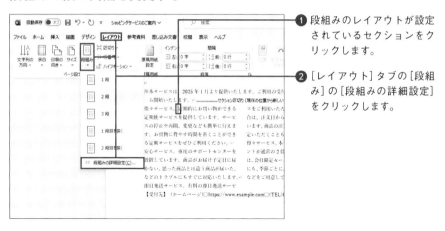

① 段組みのレイアウトが設定されているセクションをクリックします。

② [レイアウト]タブの[段組み]の[段組みの詳細設定]をクリックします。

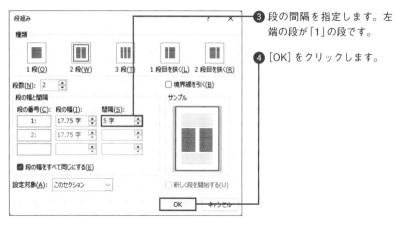

③ 段の間隔を指定します。左端の段が「1」の段です。

④ [OK]をクリックします。

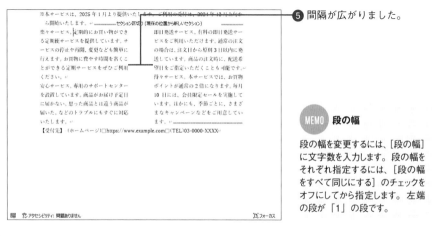

⑤ 間隔が広がりました。

MEMO 段の幅

段の幅を変更するには、[段の幅]に文字数を入力します。段の幅をそれぞれ指定するには、[段の幅をすべて同じにする]のチェックをオフにしてから指定します。左端の段が「1」の段です。

段組みの段を線で区切る

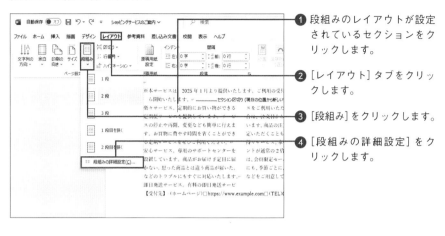

❶ 段組みのレイアウトが設定されているセクションをクリックします。

❷ [レイアウト]タブをクリックします。

❸ [段組み]をクリックします。

❹ [段組みの詳細設定]をクリックします。

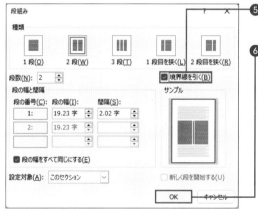

❺ [境界線を引く]のチェックをオンにします。

❻ [OK]をクリックします。

❼ 線が表示されます。

MEMO 元に戻す

段組みの設定を元に戻すには、[レイアウト] タブの [段組み] をクリックして [1段] を選択します。

段の途中で次の段に文字を表示する

　左側の段の途中で文章を右側の段に送るには、段区切りを入れます。縦書きの場合は、段の途中で文章を下の段に送ることができます。

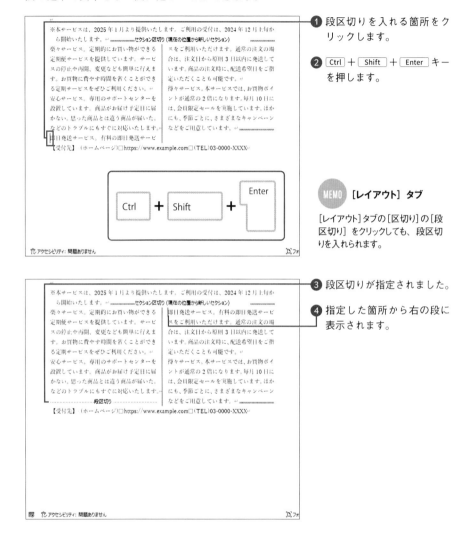

❶ 段区切りを入れる箇所をクリックします。

❷ Ctrl + Shift + Enter キーを押します。

MEMO **[レイアウト] タブ**

[レイアウト]タブの[区切り]の[段区切り] をクリックしても、段区切りを入れられます。

❸ 段区切りが指定されました。

❹ 指定した箇所から右の段に表示されます。

COLUMN

段区切りを消す

段区切りを消すには、段区切りの印を Delete キーや Back space キーで削除します。

段組みを終了するための区切りを入れる

　段組みの設定は、セクションごとに行います。段組みのレイアウトを終了して、段組みのあとに普通に文字を入力するには、セクションの区切りを入れてから次のセクションの段組みの設定を「1」に戻します。

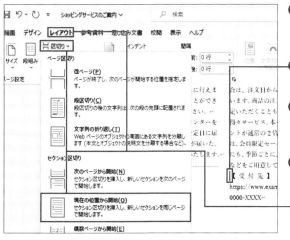

① ここでは、セクション2が2段組みの設定になっている状態で操作します。

② セクション区切りを入れる箇所をクリックします。

③ セクションの番号（ここでは、［セクション:2]）を確認します。

④ ［レイアウト］タブの［区切り］をクリックして［現在の位置から開始］をクリックします。

⑤ セクション区切りが入ります。

⑥ 次のセクションをクリックします。

⑦ セクションの番号（ここでは、［セクション:3]）を確認します。

⑧ ［レイアウト］の［段組み］をクリックし、［1段］をクリックします。

⑨ 段組みレイアウトが解除されます。

131

047 文字を縦書きにする

横書きの文書を縦書きに変更する

ビジネス文書では、主に横書きで文書を作成しますが、はがきのあいさつ状、式次第やお品書きなどを作成する場合など、文書を縦書きで作成することもあるでしょう。そのような場合は、文字列の方向を変更します。なお、縦書きの文書では、英字が縦に並んだり、半角の英字や数字などが横向きになったりします。英字や数字を横に並べて表示する方法も知っておきましょう。

❶ [レイアウト] タブの [文字列の方向] をクリックし、[縦書き] をクリックします。

❷ 縦書きの設定になります。

COLUMN

縦書きの原稿用紙を使う

縦書きの原稿用紙を用意して文書を作成するには、[レイアウト] タブの [原稿用紙設定] をクリックします。[スタイル] や [文字数×行数] などを指定し、[印刷の向き] を [横] にして、[OK] をクリックすると、縦書きの原稿用紙が用意されます。

縦書き文書で読みづらい数字の配置を整える

　縦書きの文書では、全角の英字や数字が縦に並び、半角の英字や数字は横向きになってしまいます。縦に並んだ英字や数字を横に並べたり、半角の英字や数字の向きを変えて横に並べたりするには、文字を縦中横の設定にします。縦中横とは、縦書きの文書で、複数の英字や数字を、縦向きにして横に並べて表示する機能のことです。横向きになってしまった半角の英字や数字も縦向きにして横に並べて見やすくします。

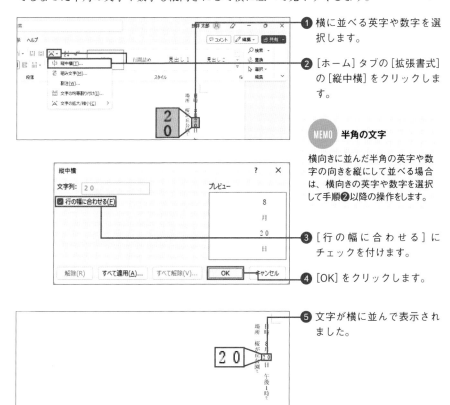

1 横に並べる英字や数字を選択します。

2 [ホーム] タブの [拡張書式] の [縦中横] をクリックします。

> **MEMO** 半角の文字
>
> 横向きに並んだ半角の英字や数字の向きを縦にして並べる場合は、横向きの英字や数字を選択して手順**2**以降の操作をします。

3 [行の幅に合わせる] にチェックを付けます。

4 [OK] をクリックします。

5 文字が横に並んで表示されました。

第

4

章　思い通りに配置する！　レイアウト設定快適テクニック

— COLUMN —

拡張書式が選べない場合

原稿用紙のスタイルに設定していると、拡張書式で設定できないものがあります。縦中横の設定ができないときは、[レイアウト] タブの [原稿用紙設定] をクリックすると表示される画面で [スタイル] から [原稿用紙の設定にしない] を選択して [OK] をクリックします。続いて、縦中横の設定を行う文字を選択して、文字に縦中横の設定を行います。続いて、[レイアウト] タブの [原稿用紙設定] をクリックして [スタイル] を元の原稿用紙のスタイルに戻す方法があります。

048 テキストボックスを使って自由にレイアウトする

テキストボックスを追加する

　テキストボックスとは、四角形の枠の中に文字を入力して表示するものです。テキストボックスには、縦書きと横書きの2種類があります。テキストボックスの位置や大きさは自由に移動できるので、文書のレイアウトを自由に整えられて便利です。テキストボックスを選択して文字を入力すると、文字がテキストボックスに入ります。

❶ [挿入]タブの[図形]をクリックし、[テキストボックス]をクリックします。

MEMO　テキストボックスの追加

テキストボックスは、[挿入]タブの[テキストボックス]をクリックし、[横書きテキストボックスの描画]や[縦書きテキストボックスの描画]をクリックして追加することもできます。

❷ 斜め方向にドラッグして図形を描きます。

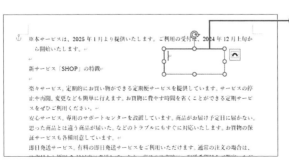

❸ テキストボックスが追加されて文字カーソルが表示されます。

既存の文字をテキストボックスに入れる

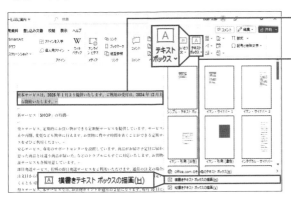

① テキストボックスに入れる文字を選択します。

② [挿入]タブの[テキストボックス]の[横書きテキストボックスの描画]をクリックします。

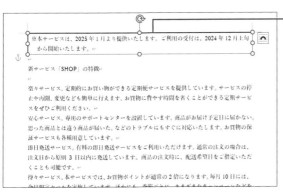

③ テキストボックスが表示されます。

MEMO 組み込み

手順②で[組み込み]のテキストボックスを選択すると、あらかじめデザインされたテキストボックスが追加されます。テキストボックスを選択して文字を入力すると、テキストボックスに文字が表示されます。

テキストボックスの配置を変更する

　テキストボックスを選択すると、テキストボックスの周囲にサイズ変更ハンドルの○が表示されます。また、テキストボックスの外枠をドラッグするとテキストボックスが移動します。マウスポインターの形に注意しながら配置を整えましょう。

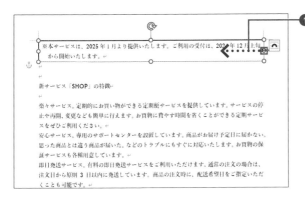

① サイズ変更ハンドルをドラッグしてテキストボックスの大きさを変更します。

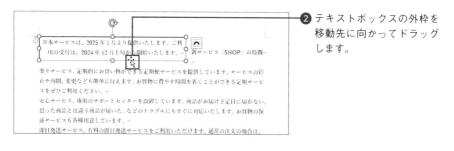

❷ テキストボックスの外枠を
移動先に向かってドラッグ
します。

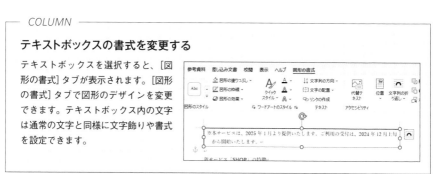
複数のテキストボックスに文章を流す

　長い文章を複数のテキストボックスに分けて表示するときは、1つ目のテキストボッ
クスに入りきらない文章を別のテキストボックスに送る機能を使いましょう。このよう
な関連付けの設定を、リンクと言います。リンクを設定しておけば、テキストボックス
の大きさが変わった場合も、入りきらない分が自動的に次のテキストボックスに送られ
るので、文章を移動する手間が省けます。

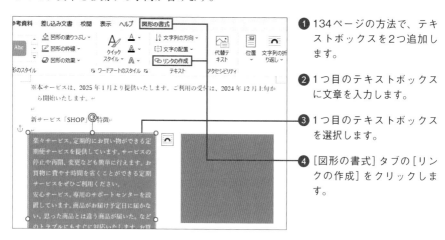

❶ 134ページの方法で、テキ
ストボックスを2つ追加し
ます。

❷ 1つ目のテキストボックス
に文章を入力します。

❸ 1つ目のテキストボックス
を選択します。

❹ [図形の書式]タブの[リン
クの作成]をクリックしま
す。

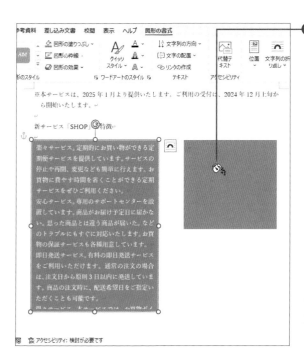

❺ 続きの文章を送るテキスト
ボックスをクリックします。

MEMO **テキストボックスの
追加**

続きの文字を表示するテキストボッ
クスに文字が入っていると、正しく
リンクを設定することができません。
リンク先として指定するテキスト
ボックスは空の状態にしておきま
す。

MEMO **複数のリンク設定**

リンクを設定したテキストボックス
に文章が収まらない場合は、さら
に別のテキストボックスへのリンク
を作成します。文字が収まってい
ないテキストボックスを選択し、手
順❹❺の操作を行います。

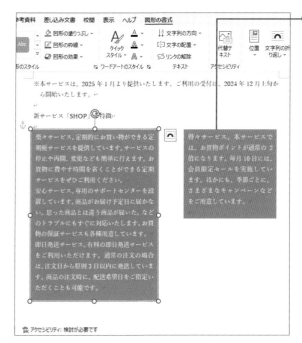

❻ 1つ目のテキストボックス
に入らない文字がリンク先
のテキストボックスに入り
ます。

MEMO **リンクの解除**

テキストボックスのリンクの設定を
解除するには、リンク元のテキスト
ボックスをクリックして、[図形の
書式]タブの[リンクの解除]を
クリックします。

049 デザインのテーマを指定する

テーマとは？

　テーマとは、文書内で使用するフォントや色の一覧、図形の質感など、デザインの組み合わせが登録されたもので、デザインのコーディネートを担当する機能です。文書の内容に合わせて、デザインの組み合わせを考えて設定するのは手間がかかりますし、デザインに統一感がなく雑多な感じになってしまうこともあるでしょう。その点、テーマの機能を利用すれば、かんたんに文書の見栄えを整えられます。

　テーマを設定すると、文書の印象が、柔らかい印象になったり、落ち着いた印象になったり大きく変わります。

　なお、選んだテーマによっては、フォントや行間などが変わるため、文書全体のレイアウトが崩れてしまうことがあります。そのため、テーマは、なるべく早いうちに決めましょう。また、行間を狭くする方法は、119ページを参照してください。

テーマ:Office（既定値）

テーマ:オーガニック

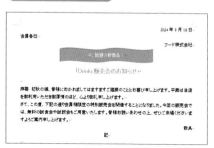

テーマ:イオンボードルーム

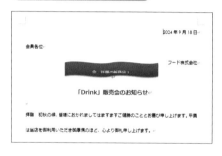

 ファイルサイズも変わる

選択したテーマによっては、ファイルサイズが大きく変わる場合があるので注意してください。

文書全体のテーマを指定する

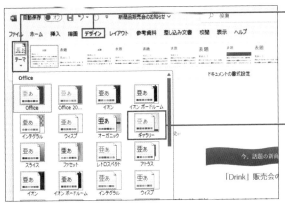

1 [デザイン] タブの [テーマ] をクリックします。

2 気に入ったテーマにマウスポインターを移動します。

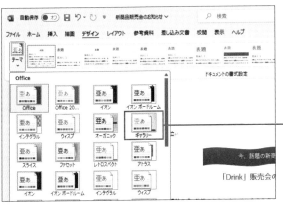

3 テーマを変更したときの文書のイメージを確認します。

4 気に入ったテーマ（ここでは、[ギャラリー]）をクリックします。

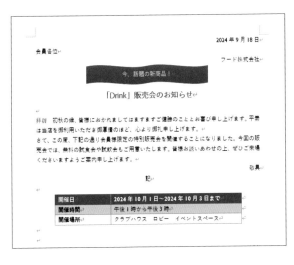

5 テーマが適用されます。

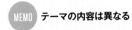

テーマの内容は異なる

お使いのWordの種類やバージョンなどによって、テーマの内容は異なります。

配色やフォントのテーマを指定する

　テーマを選択すると、文書内で使用するフォントや色の一覧、図形の質感などのデザインが変わります。内容の一部は、変更することもできます。たとえば、テーマの色の組み合わせだけを変更することなどができます。

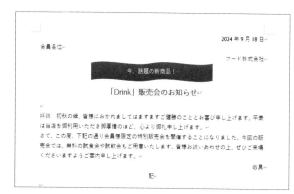

① 138ページの方法で、テーマを選択します。

MEMO　テーマのフォント

テーマのフォントのみ変更するには、[デザイン] タブの [フォント] をクリックしてテーマのフォントを選択します。

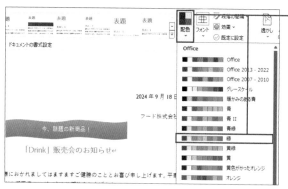

② [デザイン] タブの [配色] をクリックして、色の組み合わせ（ここでは、[緑]）を指定します。

③ 色の組み合わせが変わります。

COLUMN

テーマの色から色を選択する

文字の色や図形の色を変更するときなどに表示される色は、テーマによって決められた配色が表示されます。テーマの色の中から色を選んだ場合、あとからテーマを変更すると色が自動的に変わります。

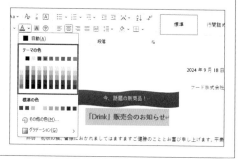

オリジナルのテーマを登録する

　テーマの配色やフォント、効果などのテーマの一部を変更したあと、そのテーマをまた別の文書で利用したい場合はテーマを保存しておきましょう。テーマの一覧にオリジナルのテーマを表示して選べるようにします。

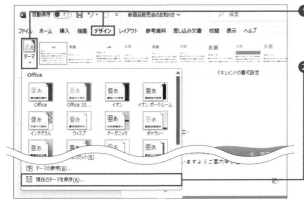

❶ 140ページの方法で、配色やフォント、効果などを変更しておきます。

❷ [デザイン] タブの [テーマ] をクリックし、[現在のテーマを保存] をクリックします。

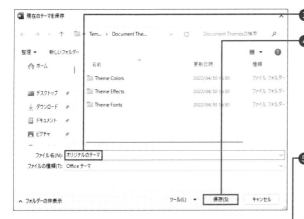

❸ テーマの名前を指定します。

❹ [保存] をクリックします。

❺ [デザイン] タブの [テーマ] に保存したテーマが表示されます。

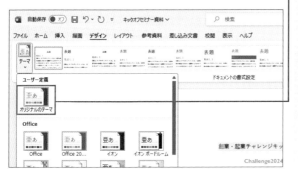

MEMO 保存先を指定する

テーマを保存するときに、テーマの一覧からテーマを選べるようにするには、手順❷のあとに既定で表示された保存先にテーマを保存します。指定した場所に保存したテーマを適用するには、[デザイン] タブの[テーマ]をクリックして[テーマの参照]をクリックします。続いて表示される画面で、保存したテーマを選択して [開く] をクリックします。

050 ページの色や枠線を設定する

ページの色を指定する

　ページの背景は、通常は色が付いていない「色なし」の状態です。ページの背景に色を付けるには、ページの色を指定します。ただし、ページの色は、画面では表示されますが、印刷はされません。印刷時に色を印刷する方法は、設定を変更します（268ページ参照）。

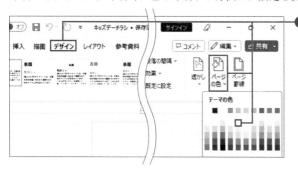

❶ ［デザイン］タブの［ページの色］をクリックして色を選択すると、ページの背景に色が付きます。

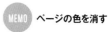

MEMO ページの色を消す

ページの色を元の白に戻すには、手順❶で［色なし］を選択します。

COLUMN

テーマの色

文書全体のデザインを左右するテーマ（138ページ参照）を選択すると、文書内で使用する色の組み合わせが変わります。下の図は、［デザイン］タブの［配色］をクリックして、［色のカスタマイズ］をクリックすると表示される、色の組み合わせのパターンを作成する画面です。左に表示されているテーマの色には、「背景」「テキスト」「アクセント」のような種類があります。テーマの色から色を選択することで、文書全体の色合いに統一感を出すことができます。テーマの色を選択するときは、下の段で色の明るさを選択することもできます。色の一覧にマウスポインターを移動すると、色の種類や明るさなどを確認できます。

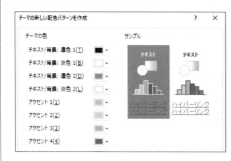

ページの周囲を枠で囲む

　用紙全体を囲むように線を引くには、［ページ罫線］を指定します。線の種類や色、太さなどは変更できます。また、絵柄を選択すると、絵柄を並べて囲むこともできます。

❶ ［デザイン］タブの［ページ罫線］をクリックします。

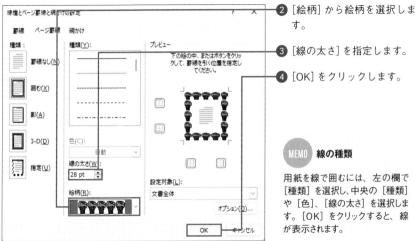

❷ ［絵柄］から絵柄を選択します。

❸ ［線の太さ］を指定します。

❹ ［OK］をクリックします。

MEMO　線の種類

用紙を線で囲むには、左の欄で［種類］を選択し、中央の［種類］や［色］、［線の太さ］を選択します。［OK］をクリックすると、線が表示されます。

❺ ページ罫線が表示されます。

051 ヘッダーやフッターを設定する

ヘッダーとフッターとは?

　文書の上の余白部分に表示する内容をヘッダー、下の余白部分に表示する内容をフッターと言います。ヘッダーやフッターには、文書を区別するための管理番号や日付、作成者、ファイル名などの文書に関する情報や、ページ番号などを表示します（170ページ参照）。

　なお、特に指定しない場合は、すべてのページに同じヘッダーや同じフッターが表示されます。ただし、先頭ページのみ変更したり、奇数ページと偶数ページで別の内容を指定したりできます。また、セクションごとに、指定することもできます。

　ヘッダーやフッターを編集するときは、［印刷レイアウト］表示で行います。ほかの表示モードではヘッダーやフッターは表示されないので注意します。また、ヘッダーやフッターの内容は、画面では薄く見えますが、印刷すると通常の文字と同じ濃さで印刷されます。

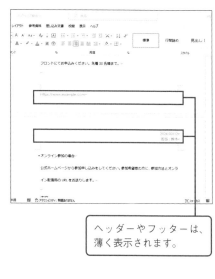

ヘッダーやフッターは、薄く表示されます。

ヘッダーに日付を表示する

ヘッダーに日付や文字の情報を表示しましょう。ヘッダーやフッターの編集時に表示される[ヘッダーとフッター]タブには、ヘッダーやフッターによく表示する内容をかんたんに追加するボタンが用意されています。

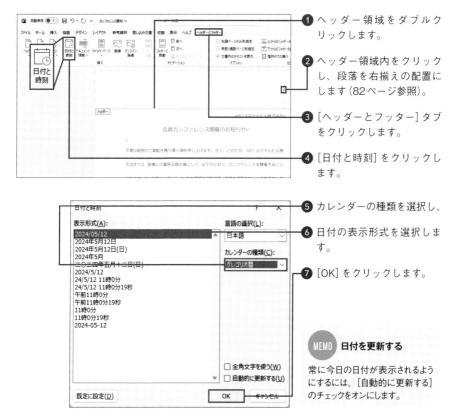

❶ ヘッダー領域をダブルクリックします。

❷ ヘッダー領域内をクリックし、段落を右揃えの配置にします（82ページ参照）。

❸ [ヘッダーとフッター]タブをクリックします。

❹ [日付と時刻]をクリックします。

❺ カレンダーの種類を選択し、

❻ 日付の表示形式を選択します。

❼ [OK]をクリックします。

MEMO 日付を更新する

常に今日の日付が表示されるようにするには、[自動的に更新する]のチェックをオンにします。

❽ 日付の情報が表示されます。

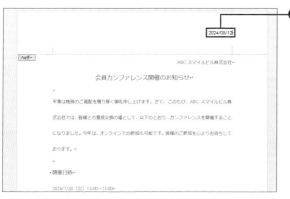

ヘッダーに文字を表示する

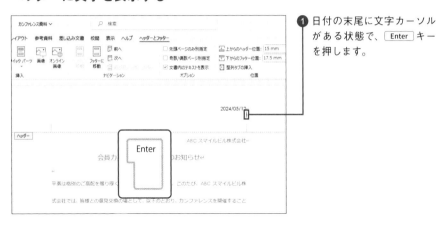

❶ 日付の末尾に文字カーソルがある状態で、[Enter]キーを押します。

❷ ヘッダーに表示する文字を入力します。

COLUMN

プロパティ情報

ファイルの作成者やファイル名などの情報を自動的に表示するには、[ヘッダーとフッター]タブの[ドキュメント情報]や[クイックパーツ]から表示内容を選択する方法があります。また、[ドキュメント情報]の[フィールド]を選択して、さまざまな情報を追加できます。たとえば、フィールドの「リンクと参照」の「StyleRef」を指定し、「見出し1」などの見出しを設定すると、複数の章からなる長文で、章のタイトルなどをヘッダーに表示できます（144ページ参照）。この場合、同じセクションでも章によって異なるヘッダーやフッターが表示されます。

フッターを編集する

❶ [ヘッダーとフッター] タブの [フッターに移動] をクリックします。

> **MEMO**
>
> **ヘッダーとフッターを編集する**
>
> ヘッダーとフッターを編集する画面になっていないときは、フッター部分をダブルクリックしてフッターを編集する状態に切り替えます。

❷ フッターに文字カーソルが表示されます。

❸ フッターの内容を入力します。

❹ [ヘッダーとフッターを閉じる] をクリックします。

❺ 元の画面に戻ります。

052 先頭ページのみ ヘッダーの内容を変える

先頭ページのみ別のヘッダーを表示する

　ヘッダーやフッターを設定すると、通常はすべてのページに同じ内容が表示されます。ただし、いくつか例外があります。たとえば、1ページ目に表紙がある文書などでは、先頭ページと2ページ以降のヘッダーやフッターを使い分けられます。

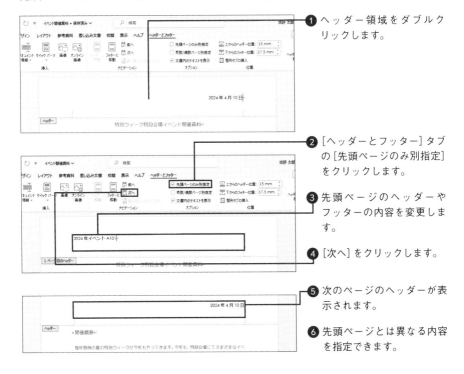

❶ ヘッダー領域をダブルクリックします。

❷ [ヘッダーとフッター] タブの [先頭ページのみ別指定] をクリックします。

❸ 先頭ページのヘッダーやフッターの内容を変更します。

❹ [次へ] をクリックします。

❺ 次のページのヘッダーが表示されます。

❻ 先頭ページとは異なる内容を指定できます。

COLUMN

前のセクションと違う内容を表示する

セクション区切りを入れて文書を複数のセクションで区切っても、通常は、すべてのセクションに同じヘッダーやフッターの内容が入ります。指定したセクションのヘッダーやフッターの内容を変更する場合は、対象のセクションのヘッダーやフッターの編集画面で [ヘッダーとフッター] タブの [前と同じヘッダー/フッター] のチェックをオフにして、ヘッダーやフッターの内容を指定します。

053 奇数と偶数ページで ヘッダーの内容を変える

ヘッダーの内容を左右に振り分ける

　複数ページにわたる文書を印刷して冊子を作るときは、両面印刷をして片側を綴じることがあります。このようなケースでは、冊子を開いたときにヘッダーやフッターの内容が外側に表示されるようにすると見やすくなります。

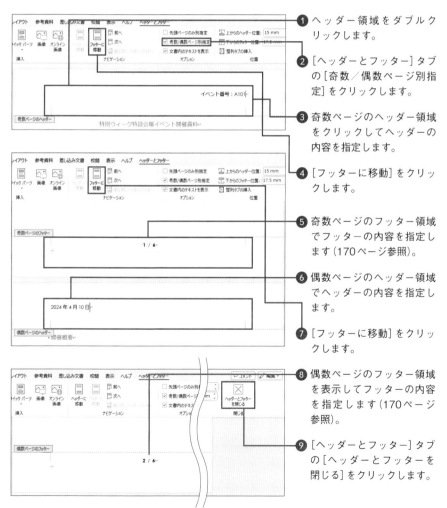

❶ ヘッダー領域をダブルクリックします。

❷ [ヘッダーとフッター]タブの[奇数／偶数ページ別指定]をクリックします。

❸ 奇数ページのヘッダー領域をクリックしてヘッダーの内容を指定します。

❹ [フッターに移動]をクリックします。

❺ 奇数ページのフッター領域でフッターの内容を指定します（170ページ参照）。

❻ 偶数ページのヘッダー領域でヘッダーの内容を指定します。

❼ [フッターに移動]をクリックします。

❽ 偶数ページのフッター領域を表示してフッターの内容を指定します（170ページ参照）。

❾ [ヘッダーとフッター]タブの[ヘッダーとフッターを閉じる]をクリックします。

標準で使用するテンプレートについて

文書を作成するときに既定で使用するフォントやフォントサイズを変更したい場合、いくつか方法があります。1つ目は、フォントやフォントサイズを変更した独自のテンプレートを作成して利用する方法です（299ページ参照）。2つ目は、下の画面のように、既定で使用するフォントやフォントサイズを変更することです。変更時には、この文書だけ変更するか、新規に文書を作成するときに、標準で使用するテンプレートの内容を変更するか選択できます。

標準テンプレートは、Normal.dotmという名前です。通常は、「C:¥Users¥＜ユーザー名＞¥AppData¥Roaming¥Microsoft¥Templates」の中にあります。ただし、Normal.dotmの内容を変更すると、今後作成する新規文書に影響を及ぼすため、変更には注意する必要があります。変更前には、必ず、変更前のNormal.dotmのコピーをバックアップファイルとして保存しておきましょう。

なお、既存のNormal.dotmを変更後、Normal.dotmを削除すると、次回新しく文書を作成するときに、Normal.dotmが自動的に作成されます。Normal.dotmに何か問題があり、Normal.dotmのバックアップファイルがない場合は、Normal.dotmを削除することが問題を解決する手がかりになることもあるので、Normal.dotmの存在を知っておくとよいでしょう。

❶ 59ページの方法で、[フォント] ダイアログボックスを表示します。

❷ [フォント] や [サイズ] などを選択します。

❸ [既定に設定] をクリックします。

❹ [この文書だけ] をクリックします。

❺ [OK] をクリックします。

第 5 章

Wordの機能を使いこなす！
長文作成時短テクニック

054 見出しスタイルを理解する

項目に見出しスタイルを適用する

　複数の章で構成されるような長文を作成するときは、大見出し、中見出し、小見出し、本文などのように、階層構造で文書を作成すると内容をわかりやすく整理できます。このとき、見出しには、見出しスタイルを設定しましょう。大見出しは「見出し1」、中見出しは「見出し2」、小見出しは「見出し3」など、見出しの階層構造に合わせて設定します。

　見出しスタイルを利用するメリットは複数あります。たとえば、見出しのページに一気に移動できたり、見出しのみを表示して文書の構成を確認したり、構成をかんたんに入れ替えたりできます。また、指定した見出しのページ番号の参照を入れたり、見出し名とページ番号からなる目次を自動的に追加したりできます。文書を効率よく管理するのに役立ちます。

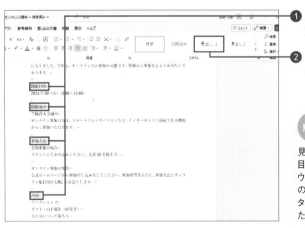

❶ 見出し1を設定する段落を選択します。

❷ [ホーム] タブの [スタイル] の [見出し1] をクリックします。

> **MEMO　詳細の折りたたみ**
>
> 見出しスタイルを設定すると、項目の先頭に印がつきます。印にマウスポインターを移動して、三角の記号をクリックすると、見出しスタイルの下の階層の内容を展開したり折りたたんだりできます。

❸ [見出し1] が設定されます。

❹ 見出し2を設定する段落を選択します。

❺ [ホーム] タブの [スタイル] の [見出し2] をクリックします。

152

見出しスタイルの書式を変更して適用する

　見出しスタイルを設定すると、テーマ（138ページ参照）によって管理されている見出しのフォントが適用されます。見出しスタイルの書式は自由に変更できますので、見やすいように整えます。ここでは、書式を設定後に見出しスタイルを更新します。また、「見出し3」や「見出し4」を指定した場合などは、自動的に字下げが設定されます。字下げの必要がない場合は、89ページを参照して字下げ位置を調整します。

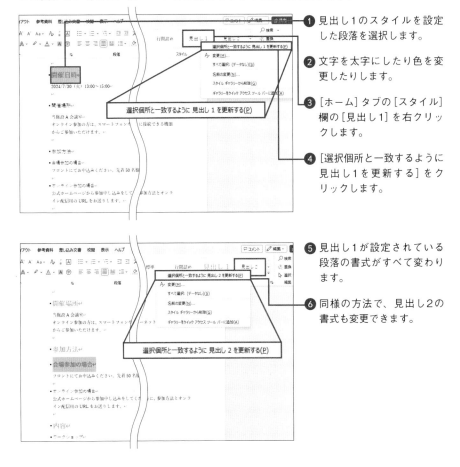

❶ 見出し1のスタイルを設定した段落を選択します。

❷ 文字を太字にしたり色を変更したりします。

❸ ［ホーム］タブの［スタイル］欄の［見出し1］を右クリックします。

❹ ［選択個所と一致するように見出し1を更新する］をクリックします。

❺ 見出し1が設定されている段落の書式がすべて変わります。

❻ 同様の方法で、見出し2の書式も変更できます。

--- COLUMN ---

見出しの前で改ページする

見出し1のスタイルを適用した段落は、必ず新しいページから始まるようにしたい場合などは、「見出し1」の見出しスタイルの段落を選択し、段落の書式設定で自動的に改ページされるように指示をします（125ページ参照）。そのあと、このページの手順で見出しを更新します。

055 アウトライン表示で文書の構成を確認する

アウトラインとは？

　アウトラインとは、長文を作成するときなどに、見出し1、見出し2、本文など、階層ごとに文書の構成を指定したものです。アウトライン表示に切り替えると、指定したアウトラインがわかりやすく表示され、文書全体の構成を確認しながら文書を効率よく編集できます。たとえば、ドラッグ操作で、見出しを入れ替えたり、見出しスタイルの階層のレベルを変更したりできます。

1 [表示] タブの [アウトライン] をクリックします。

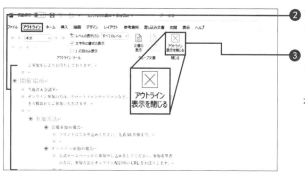

2 アウトライン表示に切り替わります。

3 [アウトライン] タブの [アウトライン表示を閉じる] をクリックすると、元の表示に戻ります。

COLUMN

レベルの表示

アウトライン表示では、どのレベルまでの見出しを表示するかどうか指定できます。[アウトライン] タブの [レベルの表示] から選択します。

指定した見出しの内容を折りたたんで表示する

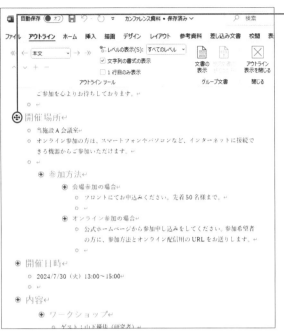

❶ 見出しスタイルの前の［＋］をダブルクリックします。

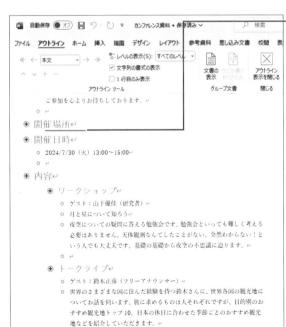

❷ 下の階層が表示されます。または、折りたたまれます。

[ナビゲーション] ウィンドウ

[ナビゲーション] ウィンドウ（174 ページ参照）では、見出しの項目の先頭の記号をクリックすると、下の階層の見出しを表示するかを切り替えられます。

見出しの順番を入れ替える

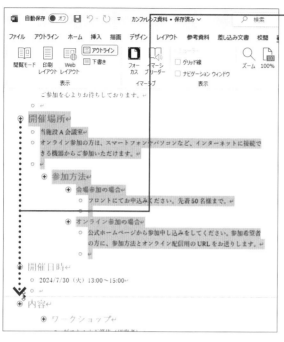

❶ 見出しの先頭の記号を上下にドラッグします。

❷ 移動先を示す線の位置を確認しながら操作します。

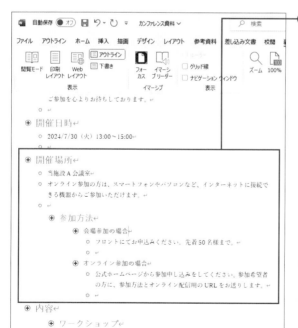

❸ 下の階層を含む内容が入れ替わりました。

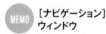

MEMO **[ナビゲーション]ウィンドウ**

[ナビゲーション] ウィンドウでは、見出しの項目をドラッグします。移動先を示す線を確認しながら操作します。

見出しのレベルを上げる／下げる

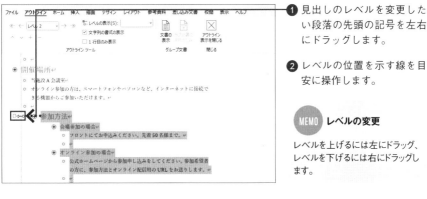

❶ 見出しのレベルを変更したい段落の先頭の記号を左右にドラッグします。

❷ レベルの位置を示す線を目安に操作します。

> **MEMO レベルの変更**
>
> レベルを上げるには左にドラッグ、レベルを下げるには右にドラッグします。

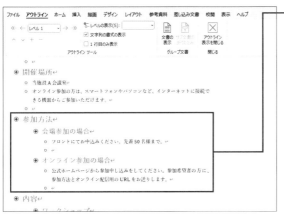
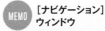

❸ レベルが変更されました。下に含まれる階層のレベルも変わります。

> **MEMO [ナビゲーション]ウィンドウ**
>
> [ナビゲーション] ウィンドウでは、見出しの項目を右クリックして [レベル上げ] や [レベル下げ] をクリックします。

COLUMN

レベルごと番号を振る

見出しスタイルが設定されている文書で、階層ごとに段落番号を振るには、見出しスタイルが設定されている段落を選択し、[ホーム] タブの [アウトライン] の [▼] をクリックし、「見出し」と表示されている項目をクリックします。

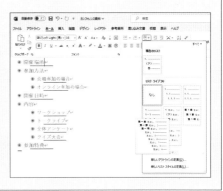

056 脚注や文末脚注を
挿入する

脚注の文字を入力する

　文書に専門用語の解説や補足説明、参考文献などの出典などを書く必要がある場合、本文とは別の脚注機能を使ってページの下や文書の末尾に追加する方法があります。脚注の番号と脚注の内容は連動しているので、あとから脚注を追加した場合、脚注の番号は自動的に振り直されます。脚注内容を効率よく管理できます。

❶ 脚注を追加する場所をクリックします。

❷ [参考資料] タブの [脚注の挿入] をクリックします。

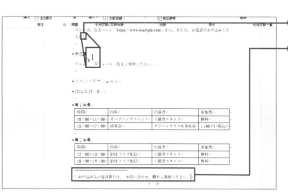

❸ 脚注が追加されます。

❹ 脚注の内容を入力します。

MEMO 脚注の表示

文中の脚注の番号をダブルクリックすると、脚注の内容が表示されます。逆に、ページ下の脚注の先頭に表示されている番号をダブルクリックすると、文中の脚注の位置が表示されます。

COLUMN

番号の書式

[参考資料] タブの [脚注] の [ダイアログボックス起動ツール] をクリックすると、[脚注と文末脚注] ダイアログボックスが表示されます。[番号書式] 欄では、脚注の番号の書式などを変更できます。

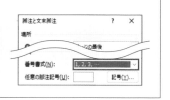

文末に脚注を入力する

　脚注の内容を各ページの下に表示すると、ページ内に収まっていた表などが分割されて複数ページに分かれてしまうなど、レイアウトが崩れてしまう場合があります。そのような場合は、脚注の内容を文書の最後にまとめて表示する文末脚注を追加する方法があります。文末脚注も、脚注の番号と内容が連動しています。文中に脚注が追加された場合、自動的に番号が振り直されます。

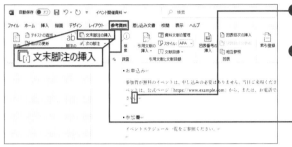

❶ 文末脚注を追加する場所をクリックします。

❷ [参考資料] タブの [文末脚注の挿入] をクリックします。

❸ 文末脚注が追加されます。

❹ 文末脚注の内容を入力します。

> **MEMO　脚注の表示**
>
> 文中の脚注の番号をダブルクリックすると、文末脚注の内容が表示されます。逆に、文末脚注の先頭に表示されている番号をダブルクリックすると、文中の脚注の位置が表示されます。

— COLUMN —

脚注の変換

普通の脚注を文末脚注に変換したり、逆に文末脚注を普通の脚注に変換したりするには、[参考資料] タブの [脚注] の [ダイアログボックス起動ツール] をクリックします。[脚注と文末脚注] ダイアログボックスの [変換] をクリックして次に表示される画面で変換する内容を選択して、[OK] をクリックして設定を行います。

057

参照先のページ番号や項目を指定する

図や表の番号を自動的に付ける

　長文の文書で、たくさんの図や表を用いる場合、図や表を管理するには、図表番号という番号を振る方法があります。図表番号を振っておくと、図や表の一覧をまとめた目次を表示したり、図や表の参照先のページ番号を表示したりできます。

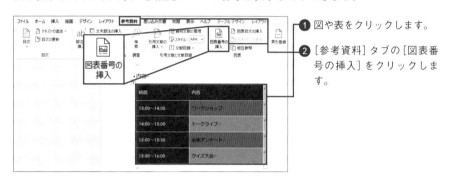

❶ 図や表をクリックします。

❷ [参考資料] タブの [図表番号の挿入] をクリックします。

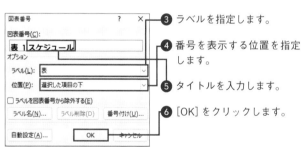

❸ ラベルを指定します。

❹ 番号を表示する位置を指定します。

❺ タイトルを入力します。

❻ [OK] をクリックします。

❼ 図表番号が表示されます。

MEMO　図表番号の目次

図表番号の一覧を表示するには、一覧を表示する場所をクリックして [参考資料] タブの [図表目次の挿入] をクリックします。図表目次のスタイルを指定して、[OK] をクリックします。

指定した箇所をブックマークとして登録する

文書の中でポイントとなる箇所や気になる箇所などに印を付けたい場合は、ブックマークを活用する方法があります。ブックマークに指定した箇所は、ほかの箇所からブックマークの箇所の参照ページ番号や、ブックマークに登録した文字を参照できるようになります。また、ブックマークの位置に一気にジャンプできます。頻繁に確認する場所の目印としても利用できます。

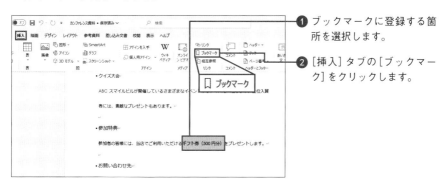

❶ ブックマークに登録する箇所を選択します。

❷ [挿入] タブの [ブックマーク] をクリックします。

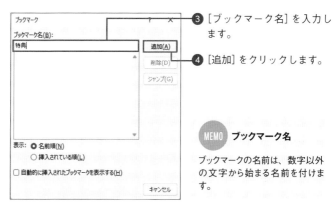

❸ [ブックマーク名] を入力します。

❹ [追加] をクリックします。

MEMO ブックマーク名

ブックマークの名前は、数字以外の文字から始まる名前を付けます。

COLUMN

ブックマークの利用

ブックマークを設定しても、画面上は特に変わりません。しかし、ジャンプ機能を使ってブックマークの箇所に素早く移動したり（163ページ参照）、相互参照の機能を利用してブックマークとして指定した場所への参照ページなどを表示したりできます（162ページ参照）。

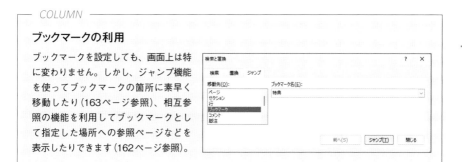

見出しや脚注などの参照ページを表示する

　見出しや脚注、図表番号やブックマークへの参照情報を表示するには、相互参照の機能を使います。参照先の情報を指定すると、フィールド（34ページ参照）が追加されます。たとえば、指定した見出しが表示されているページの参照先を書くとき、相互参照を使用しないで、「3ページ」参照などと文字で入力してしまうと、あとで文章を追加したことで、ページ番号が「4ページ」になってしまったときに、参照先のページ番号を手動で書き換える必要があります。一方、相互参照を使用して指定した場所のページ番号を表示するようにしておけば、あとからページ番号を変わった場合なども、フィールドを更新するだけで自動的に「4ページ」と変わるので便利です。

　ここでは、見出し（「お問い合わせ先」）が表示されているページ番号を表示します。

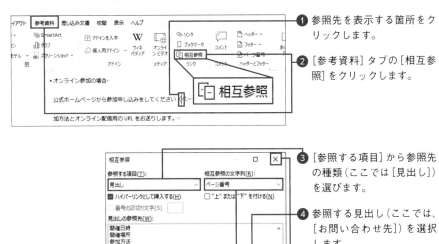

1 参照先を表示する箇所をクリックします。

2 ［参考資料］タブの［相互参照］をクリックします。

3 ［参照する項目］から参照先の種類（ここでは［見出し］）を選びます。

4 参照する見出し（ここでは、［お問い合わせ先］）を選択します。

5 ［相互参照の文字列］から参照先に表示する文字列（ここでは［ページ番号］）を選択します。

6 ［挿入］をクリックします。

7 ［閉じる］をクリックします。

8 参照先の情報が表示されます。

指定したページや見出しに一気に移動する

　長文の文書を編集しているときに、現在のページと大きく離れたページに切り替えたい場合、1ページずつページを送りながら目的の場所を探すのは手間がかかります。ジャンプ機能を使用すると、ページやセクションなど、指定した場所にすばやく移動できます。

　ここでは例として、1ページ目が表示されている状態から、3ページ目の先頭に文字カーソルを一気に移動します。

❶ 1ページ目が表示されている状態で、F5 キーを押します。

MEMO [ホーム] タブ

[ホーム] タブの [検索] の [▼] をクリックして [ジャンプ] をクリックしても、[ジャンプ] ダイアログボックスが表示されます。

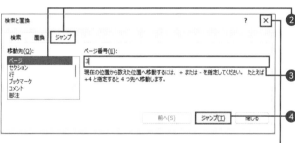

❷ [ジャンプ] タブの [移動先] の種類（ここでは [ページ]）を選択します。

❸ [ページ番号] に「3」と入力します。

❹ [ジャンプ] をクリックします。

❺ [閉じる] をクリックします。

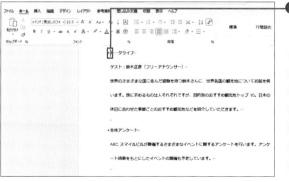

❻ 3ページ目の先頭に文字カーソルが移動しました。

MEMO 指定した見出しに移動する

指定した見出しに文字カーソルを移動するには、[ナビゲーション]ウィンドウ（174ページ参照）を活用すると便利です。[ナビゲーション]ウィンドウに表示されている見出しをクリックすると、その見出しの箇所に文字カーソルが移動します。

058

索引を自動作成する

索引に表示するキーワードを登録する

　長文の文書で、気になるキーワードに関する内容が何ページに書かれているか、すぐにわかるようにするには、文書の最後に索引を表示しておくと便利です。しかし、索引に記載するキーワードを抜き出してページ番号を手入力するのは面倒です。キーワードを索引として登録する機能を利用しましょう。索引の作成を半自動的に行えます。ページ番号が変更になった場合は、索引を更新できます。

❶ 索引として登録する単語を選択します。

❷ ［参考資料］タブの［索引登録］をクリックします。

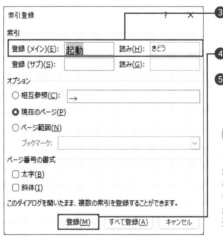

❸ 登録するキーワードや読みを確認します。

❹ ［登録］をクリックします。

❺ 同様の方法で、複数のキーワードに索引を登録します。

> **MEMO** 連続して登録する
>
> ［索引登録］の画面を表示したまま、文中の索引に登録する単語を選択し、［索引登録］画面をクリックすると、［登録（メイン）］［読み］が自動的に変わります。連続して登録できます。

・Q.アプリを起動{ ・XE"起動" ¥y "きどう" }するにはどうすればよいですか？

A.ブラウザーを起動し、「https://www.example.com」のページを表示します。画面右上

の「ログイン{ XE"ログイン" ¥y "ろぐいん" }」ボタンをクリックし、アカウント名とパスワ

❻ 索引が登録されました。

索引を自動的に作成する

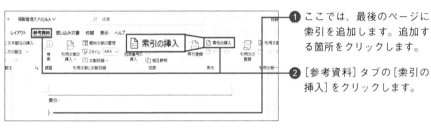

① ここでは、最後のページに
索引を追加します。追加す
る箇所をクリックします。

② [参考資料]タブの[索引の
挿入]をクリックします。

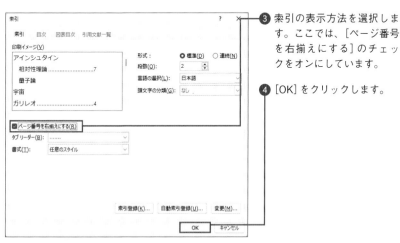

③ 索引の表示方法を選択しま
す。ここでは、[ページ番号
を右揃えにする]のチェッ
クをオンにしています。

④ [OK]をクリックします。

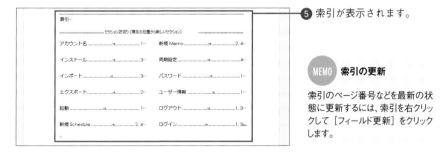

⑤ 索引が表示されます。

MEMO 索引の更新

索引のページ番号などを最新の状
態に更新するには、索引を右クリッ
クして[フィールド更新]をクリック
します。

COLUMN

フィールドコード

索引を登録した箇所には、フィールドコードという命令文が隠し文字で追加されます。これらの文字
を非表示にするには、[ホーム]タブの[編集記号]をクリックして編集記号の表示／非表示を切り替え
ます（236ページ参照）。コードが消えない場合は、[Wordのオプション]ダイアログボックス（318ペ
ージ参照）で編集記号の「隠し文字」を表示する設定になっていないかを確認します（236ページ参照）。

059 表紙のレイアウトを選んで作成する

表紙のレイアウトを選んで追加する

　文書に表紙を追加して、タイトルや作成者名を表示しておけば、作成した資料をかんたんに区別できます。また、資料の中身を直接見られることなく表紙で隠すこともできます。表紙は、表紙を追加する機能を使って手軽に追加できます。一覧から気に入ったレイアウトを選択すると、先頭ページに自動的に追加されます。

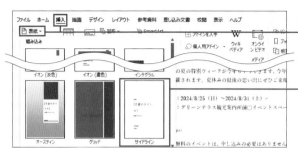

❶ [挿入] タブの [表紙] をクリックします。

❷ 表紙のレイアウトを選んでクリックします。

❸ 1ページ目に表紙のページが追加されました。

MEMO　表紙を削除する

[挿入] タブの [表紙] をクリックし、[現在の表紙を削除] をクリックすると、表紙のページが削除されます。

❹ タイトルなどを入力してフォントサイズなどを整えます。

❺ 表紙には、作成者名などのプロパティ情報が表示されるコンテンツが追加される場合があります。不要な場合は、コンテンツを右クリックして [コンテンツコントロールの削除] をクリックして削除します。

表紙にページ番号を表示しない

　ヘッダーやフッターの内容は、特に指定しない限り、すべてのページ共通の内容になります。表紙にはページ番号を振らずに、2ページ目に「1」から番号が振られるようにするには、設定を変更します。

　ただし、前のページの方法で、表紙を作成すると、表紙にページ番号を表示しない設定が自動的に適用されます。ここでは、前のページとは別の文書で、先頭ページからページ番号が振られている状態から操作します。

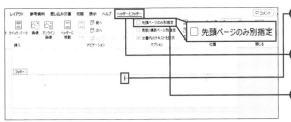

❶ 1ページ目のフッターをダブルクリックします。

❷ [ヘッダーとフッター] タブをクリックします。

❸ [先頭ページのみ別指定] をクリックします。

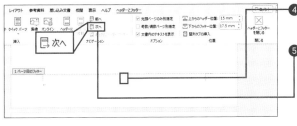

❹ 先頭ページのフッターのページ番号が消えます。

❺ [次へ] をクリックします。

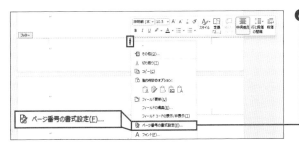

❻ 2ページ目のページ番号を選択します。ページ番号を右クリックし、[ページ番号の書式設定] をクリックします。

❼ [ページ番号の書式] ダイアログボックスが表示されます。

❽ [開始番号] に「0」を入力します。

❾ [OK] をクリックすると、2ページ目が「1」になります。

060 目次を自動作成する

見出しから目次を自動的に作成する

　長文の文書では、最初に資料の概要がわかるように目次があるとよいでしょう。見たい項目を探して読み進められます。文書に見出しスタイルが設定されている場合は、見出しスタイルを元に目次を自動的に作成できます。

　文章を編集して文書の構成やページ番号などが変わった場合は、目次を更新できます。

① 目次を追加する場所をクリックします。

② [参考資料] タブの [目次] をクリックし、目次のレイアウトをクリックします。

MEMO　ページ番号

フッターにページ番号を表示する方法は、170ページで紹介しています。

③ 目次が表示されます。

COLUMN

目次の更新

目次をクリックすると、上部にボタンが表示されます。文書の内容が変更になった場合などは、[目次の更新] をクリックします。更新方法を選択して、[OK] をクリックします。

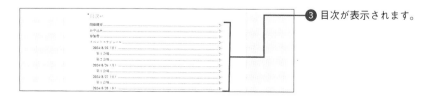

見出しの一覧やページ番号を目次に表示する

目次を作成するとき、ページ番号の表示の有無や表示位置、タブリーダーの線の種類などを指定したりするには、ユーザー設定の目次を作成します。作成時のイメージを確認しながら設定します。

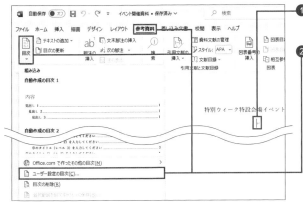

❶ 目次を追加する場所をクリックします。

❷ [参考資料]タブの[目次]をクリックし、[ユーザー設定の目次]をクリックします。

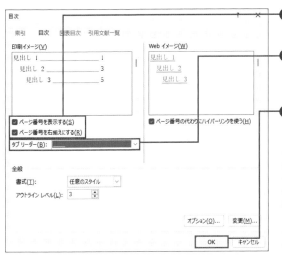

❸ ページ番号を表示するかなど指定します。

❹ ここでは、[タブリーダー]の線の種類を変更しています。

❺ [OK]をクリックします。

MEMO 目次を置き換える

既に追加されている目次の中に文字カーソルがある状態で目次を追加しようとすると、「この目次を置き換えますか?」のメッセージが表示されます。置き換える場合は、「OK」をクリックします。

❻ 見出しの項目の一覧とページ番号が表示されます。

061 ページ番号や総ページ数を入れる

フッターにページ番号を振る

長文の文書を印刷するときは、ページ番号を必ず追加しておきましょう。ページ番号を追加すると、通常は、1ページから順に番号が振られます。印刷した文書をほかのアプリで作成した資料のあとに付ける場合などに任意のページ番号から番号を振る方法や、文書の途中から番号を1から振り直すなどの例外ケースにも対応できます。

❶ [挿入] タブの [ページ番号] をクリックします。

❷ [ページの下部] 欄からページ番号の表示方法を選んでクリックします。

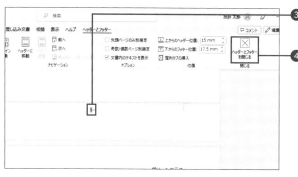

❸ ページ番号が表示されました。

❹ [ヘッダーとフッターを閉じる] をクリックします。

❺ 元の画面に戻ります。

MEMO ヘッダーやフッターの編集

ヘッダーやフッターの領域をダブルクリックすると、ヘッダーやフッター欄に文字カーソルが表示されます。ヘッダーやフッターの内容を編集できます。

文書の総ページ数を表示する

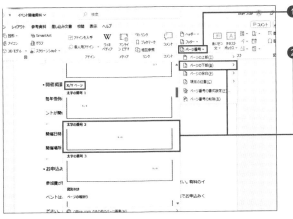

① [挿入] タブの [ページ番号] をクリックします。

② [ページの下部] を選択して [X/Yページ] 欄からページの表示方法をクリックします。

③ ページ番号と総ページ数が表示されました。

```
|1 / 5|
```

グリーンテラス

④ 次のページのフッターを表示してページ番号と総ページ数を確認します。

```
2 / 5
```

グリーンテラス

MEMO ヘッダーや
フッターを削除する

ヘッダーやフッターを削除するには、[ヘッダーとフッター] タブの [ヘッダー]（[フッター]）をクリックし、[ヘッダーの削除]（[フッターの削除]）をクリックします。

任意の数からページ番号を振る

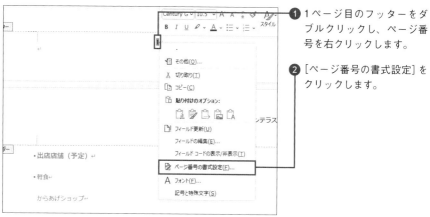

❶ 1ページ目のフッターをダ
ブルクリックし、ページ番
号を右クリックします。

❷ [ページ番号の書式設定] を
クリックします。

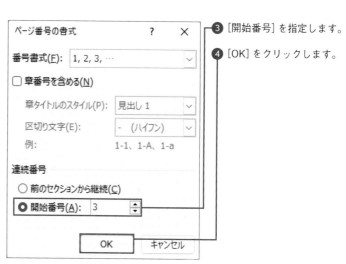

❸ [開始番号] を指定します。

❹ [OK] をクリックします。

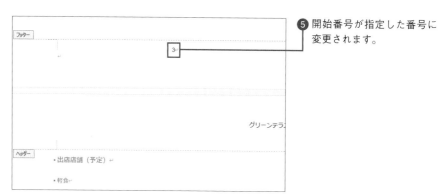

❺ 開始番号が指定した番号に
変更されます。

途中からページ番号を振り直す

　ヘッダーやフッターの内容は、セクションごとに指定できます。文書の途中からページ番号を振り直すには、文書の途中にセクションの区切りを入れて、指定したセクションのページ番号の書式を変更します。

　ここでは、3ページ目から新しいセクションになるようにセクションを追加します。新しいセクションは、ページ番号が「5」から始まるように指定します。セクション番号を確認しながら操作しましょう。

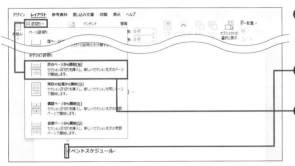

❶ ここでは、最初のページから「1」からページ番号が振られている状態で操作します。

❷ セクション区切りを入れる箇所をクリックします。

❸ [レイアウト] タブの [区切り] をクリックし、[次のページから開始] をクリックします。

❹ セクション区切りが追加されます。

❺ ここでは、セクション2のページ番号を選択します。

❻ ページ番号を右クリックし、[ページ番号の書式設定] をクリックします。

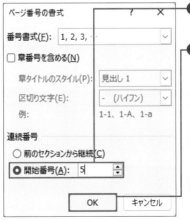

❼ [開始番号] 欄に番号を指定します。

❽ [OK] をクリックします。

> **MEMO　見出しを表示する**
>
> 複数の章で構成される文書などで、ヘッダーやフッターに章のタイトルなどを表示するには、フィールドを使用する方法があります。セクションを区切らなくても、見出しスタイルが設定されている見出しを参照して表示できます（146ページ参照）。

173

[ナビゲーション] ウィンドウの活用

長文の作成時は、[ナビゲーション] ウィンドウを表示すると、文書の構成を確認できます。[ナビゲーション] ウィンドウは、[表示] タブの [ナビゲーションウィンドウ] をクリックして表示します。[ナビゲーション] ウィンドウの上の [見出し] をクリックすると、見出し一覧が表示されます。[ページ] をクリックすると、ページの縮小図とページ番号を確認できます。通常は、1ページ目から順に「1」「2」「3」のように番号が振られますが、文書の途中でページ番号を振り直している場合は、実際のページ番号が表示されます。ページ番号を確認するのにも役立ちます。

ページ番号を指定しない状態

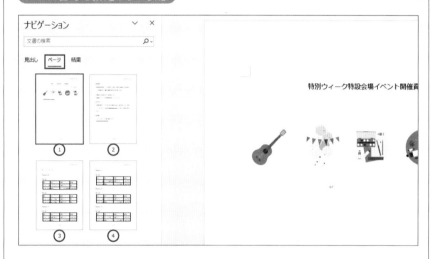

3ページ目でページ番号を「1」から振り直す設定にした状態

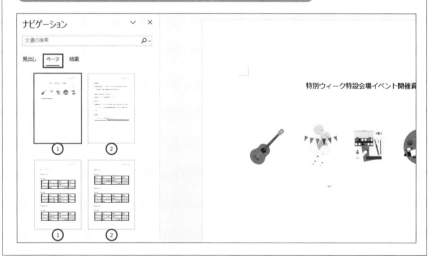

第 **6** 章

見栄えを良くする！
画像と図の編集テクニック

062 画像やイラストを挿入する

文書に写真を表示する

　文書に写真やイラストなどの画像を追加すると、文書で説明しているものの具体的な外観を瞬時に伝えられます。また、そこで説明している内容をイメージしてもらうことで、文書の内容の理解を助ける効果が期待できます。

　パソコンに保存されている画像ファイルやインターネット上の画像ファイルなどを検索して追加できます。

❶ 画像を追加する場所をクリックします。

❷ [挿入] タブの [画像] をクリックし、[このデバイス] をクリックします。

❸ 画像ファイルの保存先を指定します。

❹ 追加する画像ファイルをクリックします。

❺ [挿入] をクリックします。

❻ 画像ファイルが追加されました。

❼ 画像を選択すると周囲に表示される○をドラッグすると、写真の大きさが変わります。

MEMO

画像の色合いを変更する

写真を白黒やセピア色に加工して表示するには、画像をクリックし、[図の形式] タブの [色] をクリックして、色合いを選択します。

アイコンや3Dモデルを挿入する

　自分で保存した写真以外にも、Wordの機能を使用してアイコンや3D画像、イラストなどを追加できます。キーワードを入力して画像などを検索します。追加する画像などを選択して［挿入］をクリックします。なお、Word 2019では、画面の表示内容が若干異なります。

　アイコンを追加するには、［挿入］タブの［アイコン］をクリックします。

　3Dモデルのイラストを追加するには、［挿入］タブの［3Dモデル］をクリックします。3Dのイラストは、イラストをドラッグして向きなどを変えられます。

　Office 2021やMicrosoft 365のOfficeでは、ストック画像という、イラストや写真などの素材集のような機能を利用できます。ストック画像のイラストなどを追加するには、［挿入］タブの［画像］→［ストック画像］の順にクリックします。

063 画像と文字の配置を調整する

写真の周囲に文字を折り返して表示する

　画像を追加すると、通常は文字と同様に扱われますので、画像をドラッグ操作で移動しようとしても、うまく配置できない場合があります。文字と画像が重なったときに、画像の周囲に文字を表示するには、文字列の折り返しの設定を行います。

　画像と文字列の折り返し位置の設定は、次のとおりです。文字と画像が重なったときの見え方が異なります。[狭く]と[内部]は、[内部]のほうがより文字が写真の内側に表示されます。なお、この例では、写真の背景を削除して透明にしています（182ページ参照）。背景が白く見えても透明でない場合は、写真の周囲の文字の折り返し位置が思うようにならないので注意します。

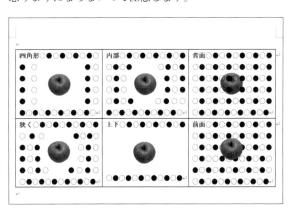

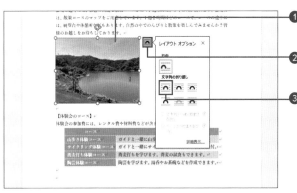

❶ 画像をクリックして選択します。

❷ [レイアウトオプション]をクリックします。

❸ [文字列の折り返し]から折り返し位置（ここでは、「四角形」）を指定します。

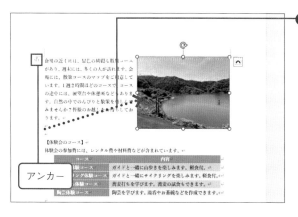
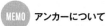

アンカー

④ 画像を配置したい場所にド
ラッグすると、画像が移動
します。

MEMO **アンカーについて**

レイアウトオプションの設定を変更
すると、画像の近くの段落にアン
カーという錨のマークが表示されま
す。この印は、画像が、その段
落に固定されていることを示しま
す。錨のマークをドラッグしてほか
の段落に固定することもできます。

画像の位置をページに固定する

　画像と文字列との配置を変更すると、画像より上の位置に文字を入力すると、それに
よって画像が文字と一緒に下方向に移動します。画像の周囲の文字の内容に関係なく、
画像がそのページに留まるようにしたい場合は、ページに固定する方法があります。

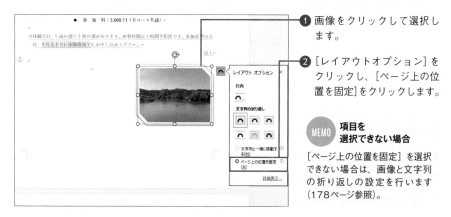

① 画像をクリックして選択し
ます。

② [レイアウトオプション] を
クリックし、[ページ上の位
置を固定]をクリックします。

MEMO **項目を
選択できない場合**

[ページ上の位置を固定] を選択
できない場合は、画像と文字列
の折り返しの設定を行います
（178ページ参照）。

③ 画像の上で改行したり文字
を入力したりします。

④ 画像の表示位置は変わりま
せん。

064 画像をトリミングする

画像の余計なところを切り取る

　写真の不要な部分を削除して必要な部分のみを残すには、トリミングという処理をします。被写体以外のものが多く写っていて、写真が無駄に大きい場合などは、被写体をわかりやすくする目的で、トリミングするとよいでしょう。必要部分を間違って削除してしまった場合は、ファイルを保存したあとでも、画像をクリックして、[図の形式]タブの[トリミング]をクリックし、トリミングハンドルを外側にドラッグして元に戻すことができます。ただし、185ページの方法でトリミングした部分を削除した場合は、トリミングした部分を元に戻すことはできなくなるので注意してください。

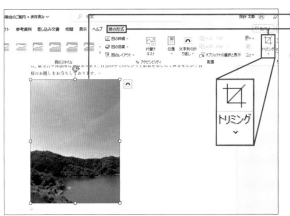

① 画像をクリックして選択します。

② [図の形式]タブの[トリミング]をクリックします。

> **MEMO 図形の形にトリミングする**
>
> 画像を選択し、[図の形式]タブの[トリミング]の[▼]をクリックして[図形に合わせてトリミング]を選択します。続いて、切り抜きたい図形を選びクリックすると、選択した形に画像がトリミングされます。なお、図形の形にトリミングしたあとに図のスタイルを変更すると、トリミングした状態が元に戻ってしまいます。写真の周囲に枠を付けるなど図のスタイルを設定する場合は、図形の形にトリミングをする前に行います。

③ 写真の周囲に表示される黒いトリミングハンドルを内側にドラッグします。

④ 写真以外の箇所をクリックすると、トリミングされます。

065 画面のスクリーンショットを貼り付ける

スクリーンショットとは？

　スクリーンショットとは、パソコンの画面を画像として取り込むことです。パソコンに表示されている画面を文書に貼り付けたい場合などは、Wordからパソコン画面を撮る方法があります。

　貼り付けられる画像は、現在開いているウィンドウ全体、または、Wordの画面のすぐ後ろに隠れている画面の一部です。ここでは、Wordの画面の後ろにEdgeの画面を表示した状態で、ホームページの情報を貼り付けます。

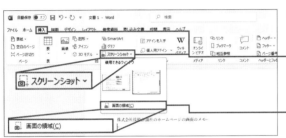

❶ 画像を貼り付ける箇所をクリックします。

❷ ［挿入］タブの［スクリーンショット］をクリックします。

❸ 開いているウィンドウの一覧が表示されます。ここでは、［画面の領域］をクリックします。

MEMO　ウィンドウを貼り付ける

ウィンドウを貼り付ける場合は、［使用できるウィンドウ］から貼り付けるウィンドウをクリックします。

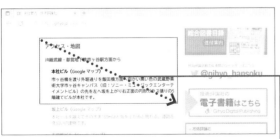

❹ Wordの画面が一時的に非表示になり、Wordの後ろに隠れていた画面が表示されます。

❺ 貼り付けたい部分を斜めにドラッグします。

❻ 自動的にWord画面に戻り、選択した部分が貼り付けられます。

066

画像の背景を削除する

写真の被写体以外の背景を削除する

　写真をきれいに見せるには、写真を加工することがありますが、Wordでも、さまざまな加工ができます。たとえば、写真の後ろに余計なものが映っている場合などは、必要に応じて背景を透明にして利用します。画像編集の専門アプリのような細かい操作は難しいですが、被写体と背景部分が明確な場合はかんたんに処理できます。

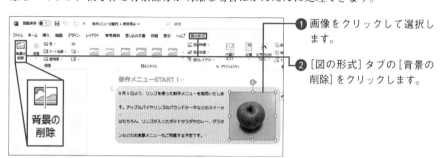

❶ 画像をクリックして選択します。

❷ [図の形式] タブの [背景の削除] をクリックします。

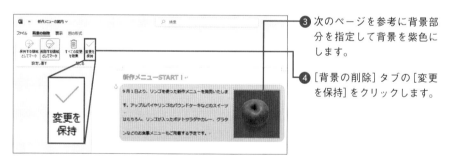

❸ 次のページを参考に背景部分を指定して背景を紫色にします。

❹ [背景の削除] タブの [変更を保持] をクリックします。

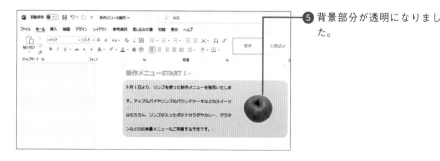

❺ 背景部分が透明になりました。

背景と認識されない部分を削除する

　背景部分を削除しようとするとき、背景は紫色になります。背景なのに背景として認識されない場合は、[削除する領域としてマーク]を指定します。

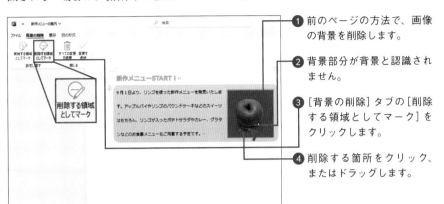

❶ 前のページの方法で、画像の背景を削除します。

❷ 背景部分が背景と認識されません。

❸ [背景の削除]タブの[削除する領域としてマーク]をクリックします。

❹ 削除する箇所をクリック、またはドラッグします。

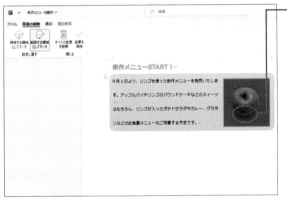

❺ 背景として認識されました。

❻ 同様に、背景にしたい箇所を指定します。

❼ このあとは、前のページの方法で変更を反映させます。

COLUMN

背景と認識された部分を残す

背景部分を削除しようとするとき、背景ではないのに背景として認識されてしまう場合は、[保持する領域としてマーク]を指定します。残したい部分をクリック、またはドラッグして必要な部分を残します。

067 画像の加工を リセットして元に戻す

画像に設定した書式やサイズをリセットする

写真を追加したあとは、見栄えを整えるために、写真のスタイルを変更したり色合いを変更したりして利用します。さまざまな加工を試してみたあとに、思ったイメージと違う場合は、それらの設定をまとめてリセットできます。リセット機能を使って一気に取り消せます。

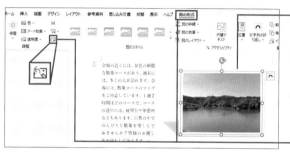

① 画像をクリックして選択します。

② 画像の大きさを変えたり、書式を変更したりします。

③ [図の形式] タブの [図のリセット] をクリックします。

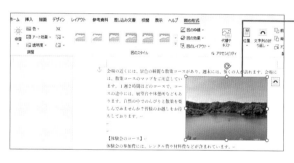

④ 画像のスタイルなどがリセットされます。

MEMO 画像に飾り枠を付ける

写真を選択し、[図の形式] タブの [図のスタイル] の [クイックスタイル] をクリックすると、写真の周囲を加工できます。

COLUMN

書式とサイズをリセット

画像に設定した書式とサイズ変更を元に戻すには、[図の形式] タブの [図のリセット] の右側の [▼] をクリックして [図とサイズのリセット] をクリックします。ただし、ファイルを1度保存し、再度開いた場合などは、リセットできない場合もあります。

068 トリミングした領域を削除して画像を圧縮する

写真を圧縮してファイルサイズを小さくする

　文書に写真を多く追加すると、文書のファイルサイズがかなり大きくなってしまう場合があります。作成した文書をメールに添付して送信する場合などは、ファイルサイズを小さく抑えたいこともあるでしょう。その場合は、画像の画質を落としてファイルサイズを小さくする方法があります。なお、画像の圧縮を行う前には、元のファイルをコピーしておくとよいでしょう。元のファイルがあれば、元に戻したい場合にも対応できます。

❶ 180ページの方法で、画像をトリミングします。

❷ 画像を選択し、[図の形式]タブの [図の圧縮] をクリックします。

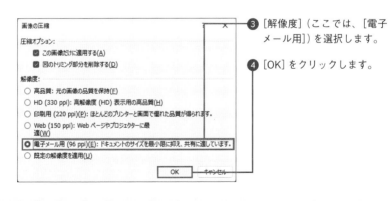

❸ [解像度]（ここでは、[電子メール用]）を選択します。

❹ [OK] をクリックします。

MEMO　その他の設定

すべての画像に対して同じように画像を圧縮するには、[この画像だけに適用する]のチェックを外して操作します。また、画像をトリミングしている場合、トリミングされた部分を削除するには [図のトリミング部分を削除する] をクリックします。写真によって、選択できる解像度は異なります。

069 図形を効率よく描く

ドラッグ操作で正円を描く

　文書には、さまざまな種類の図形を追加できます。図形の中にタイトルなどの文字を入力して文書を飾ったり、複数の図形を組み合わせてかんたんな図を作成したりする目的で利用できます。ここでは、基本的な図形を描いてみましょう。キー操作を組み合わせて図形を書いたり、図形と図形を結ぶ線を描いたりします。図形の色などの書式は、現在選択しているテーマなどによって異なります。図形を描いたあとに変更できます。

❶ [挿入] タブの [図形] をクリックし、描きたい図形（ここでは、[楕円]）をクリックします。

❷ 斜めの方向にドラッグします。 Shift キーを押しながらドラッグすると、正円になります。

❸ 図形が表示されます。

COLUMN

ドラッグ操作で図形を描く

図形はドラッグ操作でかんたんに描けます。キー操作と組み合わせて操作すると次のような図形を描けます。

図形を描くときに使えるキー操作例

操作	内容
Ctrl キー＋ドラッグ	図形の中心位置を基準に図形を描けます。
Shift キー＋ドラッグ	四角形や三角、丸、線を書くとき、 Shift キーを押しながらドラッグすると正方形、正三角形、正円、直線や45度の線を描けます。
Ctrl ＋ Shift キー＋ドラッグ	図形の中心位置を基準に正方形や正三角形、正円を描けます。

図形と図形を結ぶ線を描く

図形を組み合わせて図を作成するときに、図形同士を線で結ぶ場合は、図形に接続した線を描くとよいでしょう。図形を移動したりサイズを変更したりしたときに、線だけがとり残されてしまうのを防げます。ポイントは、描画キャンバスを使うことです。

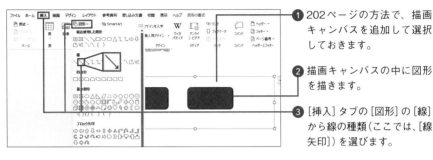

❶ 202ページの方法で、描画キャンバスを追加して選択しておきます。

❷ 描画キャンバスの中に図形を描きます。

❸ [挿入]タブの[図形]の[線]から線の種類（ここでは、[線矢印]）を選びます。

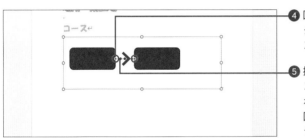

❹ 図形の近くにマウスポインターを移動すると接続ポイントが表示されます。

❺ 接続ポイントにマウスポインターを移動し、その接続ポイントから、もう一方の図形の接続ポイントまでドラッグします。

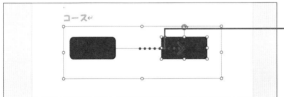

❻ 図形と図形が線でつながります。

❼ 図形を移動します。

❽ 図形を結ぶ線が図形にくっついて伸び縮みします。

COLUMN

同じ形の図形を連続して描く

同じ形の図形を連続して描く場合は、[挿入]タブの[図形]をクリックし、図形の一覧から描きたい図形を右クリックし、[描画モードのロック]をクリックします。すると、図形を描く状態が固定され、描きたい図形のボタンを選択しなくても、ドラッグ操作で次々と図形を描けます。図形を描く状態を解除するには、[Esc]キーを押します。なお、全く同じ大きさの図形を描く場合は、図形をコピーする方法があります。

070 図形の色や枠線を変更する

図形の色や枠線の種類を変更する

　図形を描くと、文書のテーマによって既定の書式が付いた図形が表示されますが、色や枠線のスタイルなどは変更できます。図形を区別したり、図形の関係性がわかるように色分けしたりするには、図形の塗りつぶしの色などを指定します。

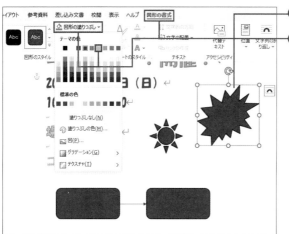

1 図形を選択します。

2 [図形の書式] タブの [図形の塗りつぶし] をクリックし、色（ここでは、[ゴールド、アクセント3]）を選択します。

> **MEMO テーマの色**
>
> 図形の色を選ぶときにテーマの色の中から色を選ぶと、あとからテーマを変更すると図形の色も変わります（138ページ参照）。

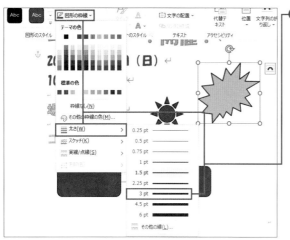

3 [図形の枠線] をクリックし、[太さ] から枠線の太さ（ここでは、[3pt]）を選びます。

> **MEMO 図形の書式のコピー**
>
> 図形の書式をコピーするには、コピー元の図形を選択して [ホーム] タブの [書式のコピー／貼り付け] をダブルクリックします。続いて、書式のコピー先の図形を順にクリックします。書式コピーが終わったら、[Esc] キーを押して書式コピーの状態を解除します。

図形を手書き風に加工する

　図形を手書きで描いたような雰囲気に加工します。この機能は、Word 2021や Microsoft 365のWordを使用している場合に利用できます。

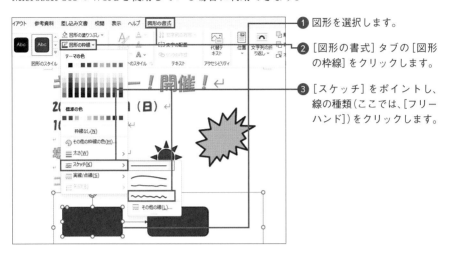

① 図形を選択します。

② [図形の書式] タブの [図形の枠線] をクリックします。

③ [スケッチ] をポイントし、線の種類 (ここでは、[フリーハンド]) をクリックします。

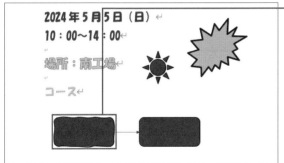

④ 図形が手書き風に加工されます。

COLUMN

指定した形の図形を描く

指定した形の図形を描くには、図形の一覧から [フリーフォーム：図形] を選択し、図形の角になる点を順にクリックします。最後に、最初にクリックした始点をクリックします。または、任意の位置でダブルクリックすると、図形が完成します。または、[フリーフォーム：フリーハンド] を選択し、ドラッグ操作で図形を描きます。

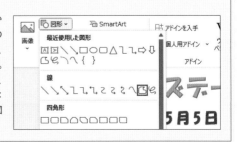

071 図形の形を変更する

図形を拡大／縮小する

図形を選択すると、図形の周囲に図形の形を変更するいくつかのハンドルが表示されます。白い○のサイズ変更ハンドルをドラッグすると、図形を拡大／縮小できます。

1 図形を選択します。

2 図形の周囲のサイズ変更ハンドルをドラッグします。

> **MEMO 縦横比を変えない**
>
> 図形の縦横比を変えずに大きさを変更するには、 Shift キーを押しながら、図形の四隅のサイズ変更ハンドルをドラッグします。

3 図形の大きさが変わります。

COLUMN

数値で大きさを指定する

図形をクリックし、[図形の書式] タブの [サイズ] グループでは、図形の大きさを数値で指定できます。複数の図形の大きさを揃えるには、複数の図形を選択した状態で操作します（194ページ参照）。

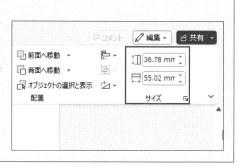

図形の形を調整する

　吹き出しの図形などは、図形を選択すると表示される黄色の○の調整ハンドルをドラッグして、吹き出し口の位置などを調整します。図形の種類によって、調整ハンドルは表示されません。

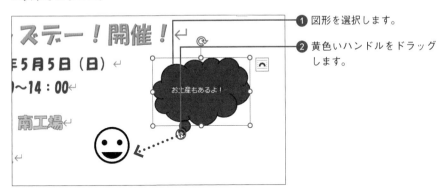

① 図形を選択します。

② 黄色いハンドルをドラッグします。

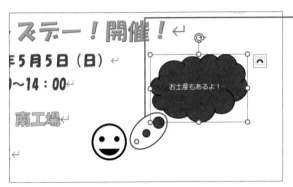

③ 図形の形が変わりました。

MEMO　図形の変更

図形をほかの図形に変更するには、図形を選択し、[図形の書式] タブの [図形の編集] をクリックし、[図形の変更] から変更したい図形を選択します。

COLUMN

図形の頂点を変更する

図形を右クリックして [頂点の編集] をクリックすると、図形の周囲に頂点を示す黒いハンドルが表示されます。頂点をドラッグすると図形の形が変わります。また、頂点をドラッグすると表示される白いハンドルをドラッグすると頂点と頂点の間を曲線に変更したりできます。頂点を追加するには、追加する場所を右クリックして [頂点の追加] をクリックします。頂点の編集を終了するときは、図形の中をクリックします。

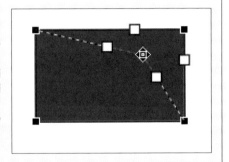

072 図形を回転／反転する

図形の角度を指定する

矢印などの図形は、図形を回転させて向きを変えて使います。図形を選択すると表示される回転ハンドルをドラッグして角度を指定します。また、右に90度回転させたり、回転する角度を数値で指定したりすることもできます。

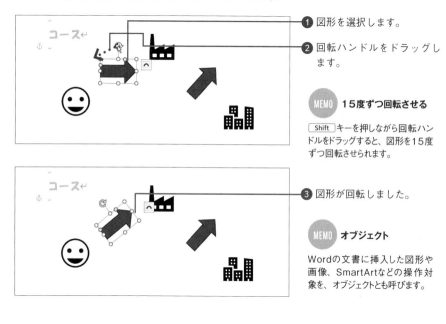

1 図形を選択します。

2 回転ハンドルをドラッグします。

MEMO **15度ずつ回転させる**

Shift キーを押しながら回転ハンドルをドラッグすると、図形を15度ずつ回転させられます。

3 図形が回転しました。

MEMO **オブジェクト**

Wordの文書に挿入した図形や画像、SmartArtなどの操作対象を、オブジェクトとも呼びます。

COLUMN

回転する角度を指定する

図形を選択し、[図形の書式]タブの[オブジェクトの回転]をクリックし(193ページ参照)、[その他の回転オプション]をクリックすると、[レイアウト]ダイアログボックスが表示されます。[回転]欄の[回転角度]で角度を指定できます。

図形を上下、左右に反転する

　図形は上下、左右に反転させられます。ここでは、矢印を例に紹介します。なお、イラストなどの画像も同様に操作できます。たとえば、車のイラストの進行方向を逆にしたいような場合、イラストを回転させるのではなく、左右反転して使います。

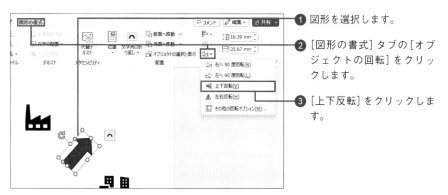

① 図形を選択します。

② [図形の書式]タブの[オブジェクトの回転]をクリックします。

③ [上下反転]をクリックします。

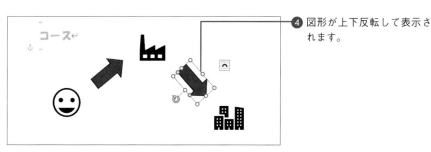

④ 図形が上下反転して表示されます。

COLUMN

左右反転させる

図形の左右を反転させて逆さにするには、[左右反転]をクリックします。

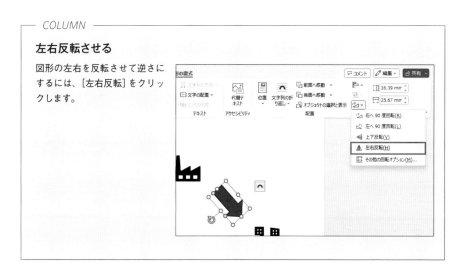

073 図形にスタイルを設定する

図形のスタイルを選択する

　図形を組み合わせて図を作成する場合などは、図形の内容や関係性などを区別するために図形の色などのデザインを変更します。それには、図形のスタイルを選択する方法があります。図形の色や外枠、文字の色などの書式の組み合わせをまとめて変えられます。スタイルの一覧に表示されるデザインは、テーマによって異なります（138ページ参照）。

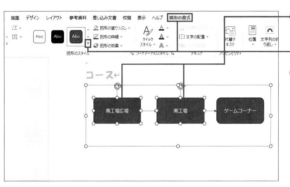

❶ 図形を選択します。ここでは、左から2つの図形を複数選択します。

❷ ［図形の書式］タブの［図形のスタイル］の［クイックスタイル］をクリックします。

> **MEMO　複数の図形を選択する**
>
> 複数の図形を選択するには、1つ目の図形の外枠をクリックしたあと、Shift キーまたは Ctrl キーを押しながら同時に選択する図形の外枠を選択します。

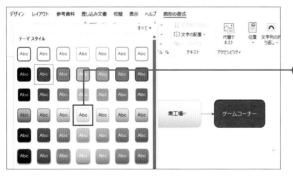

❸ 図形のスタイル（ここでは、［パステル - ゴールド、アクセント3］）を選んでクリックします。

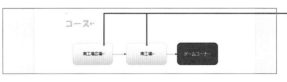

❹ 図形のスタイルが変わります。

図形を透明にする

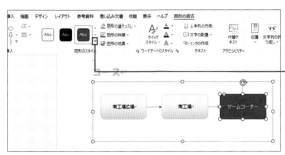

❶ 図形を選択します。ここでは、一番右の図形を選択します。

❷ [図形の書式] タブの [図形のスタイル] の [クイックスタイル] をクリックします。

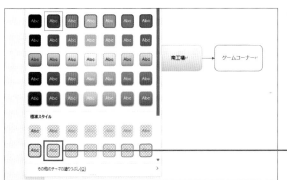

❸ 図形のスタイル（ここでは、[透明、色付きの輪郭 - 濃い赤、アクセント1]）を選んでクリックします。

❹ 図形のスタイルが変わります。

COLUMN

図形の塗りつぶしの色

図形の塗りつぶしの色は、[図形の書式] タブの [図形の塗りつぶし] をクリックしても選択できます。文字の色は、[文字の塗りつぶし] から選択します。

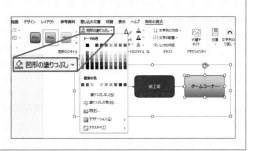

074 図形に文字を入力する

図形の中に文字を表示する

　線の図形などを除き、ほとんどの図形には文字を入力できます。図形を組み合わせて図を作成するときは、各図形が示している内容がわかるように文字を入力しましょう。文字は、通常の文字と同様に書式を設定したり、配置を調整したりできます。

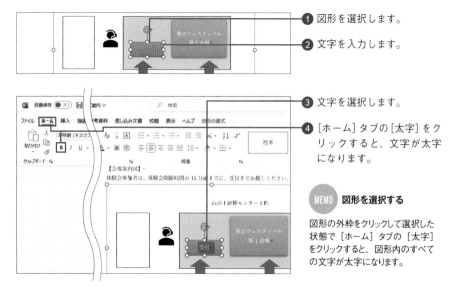

① 図形を選択します。

② 文字を入力します。

③ 文字を選択します。

④ [ホーム] タブの [太字] をクリックすると、文字が太字になります。

> **MEMO 図形を選択する**
>
> 図形の外枠をクリックして選択した状態で [ホーム] タブの [太字] をクリックすると、図形内のすべての文字が太字になります。

COLUMN

図形の余白位置を変更する

図形の左や上などの余白を数値で指定するには、図形の外枠を右クリックして [図形の書式設定] をクリックします。続いて表示される画面で、[文字のオプション] の [レイアウトとプロパティ] を選択し、[左余白] [上余白] などを指定します。

図形の文字を縦書きにする

　縦長の図形などに文字を入力するとき、図形内の文字を縦書きにすると読みやすくなります。ここでは、入力済みの文字の方向を変更します。

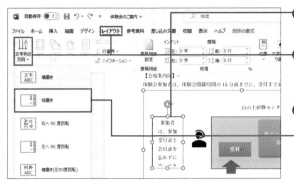

1 図形をクリックして選択し、文字を入力します。

2 ［レイアウト］タブの［文字列の方向］をクリックし、［縦書き］をクリックします。

3 ［縦書き］をクリックします。

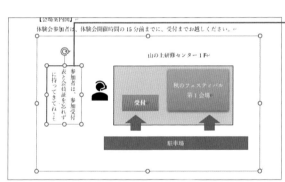

4 文字列が縦書きになります。

MEMO **文字の配置**

図形内の段落の配置を変更するには、段落を選択し［ホーム］タブの［右揃え］や［左揃え］などをクリックします。

COLUMN

文字を横向きに表示する

文字の向きを回転させるには［レイアウト］タブの［文字列の方向］から文字を回転する方向を選択します。たとえば、［左へ90度回転］をクリックすると、文字が90度回転して下から上に向かって表示されます。

075 図形の効果を設定して 立体的に見せる

図形の質感などの効果を指定する

　図形をより強調するには、図形の色だけでなく、図形の質感などを示す図形の効果を指定する方法があります。たとえば、図形に影を付けたり、立体的に見せたりして、注目を集められます。

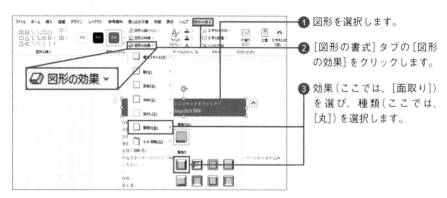

❶ 図形を選択します。

❷ [図形の書式] タブの [図形の効果] をクリックします。

❸ 効果 (ここでは、[面取り]) を選び、種類 (ここでは、[丸]) を選択します。

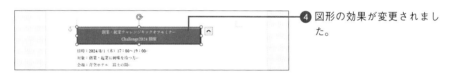

❹ 図形の効果が変更されました。

COLUMN

詳細を指定する

図形の効果を選択するとき、詳細の設定をするには、効果を選択するときのメニューの一番下の [○○のオプション] をクリックします。続いて表示される画面で各項目の設定を行います。

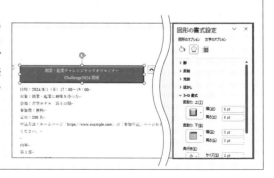

076

図形に設定した飾りを図形の既定値に登録する

新しい図形を描くときの書式を指定する

　同じ文書内に複数の図形を追加して利用するときは、図形のデザインを統一すると、統一感のある文書になります。新しい図形を描いたときに、指定した書式が常に設定されるようにするには、図形の既定値を指定します。図形を描いたあとに、書式を変更する操作を省けます。

❶ 書式を設定した図形の外枠を右クリックします。

❷ ［既定の図形に設定］をクリックします。

MEMO　文書に適用される

図形の書式の既定値を設定すると、設定した文書に図形を追加したときに同じ書式が設定されます。

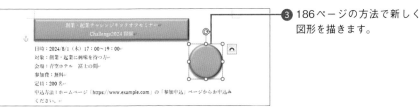

❸ 186ページの方法で新しく図形を描きます。

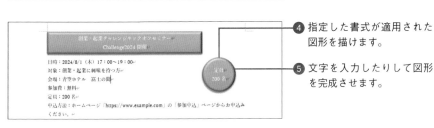

❹ 指定した書式が適用された図形を描けます。

❺ 文字を入力したりして図形を完成させます。

077 図形を横や縦にまっすぐ 移動／コピーする

図形を水平や垂直に移動する

　図形を組み合わせて図を描くときは、図形を移動したりコピーしたりしながら作成していきます。図形を水平、垂直に移動するには、Shift キーを押しながらドラッグします。Ctrl ＋ Shift キーを押しながらドラッグするとコピーできます。まっすぐ移動・コピーできれば、図形を描いたあとに、位置を整える必要がなくなります。

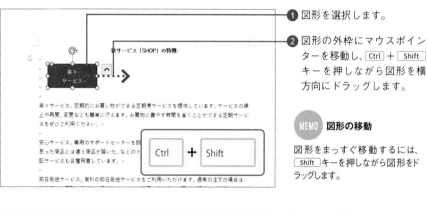

① 図形を選択します。

② 図形の外枠にマウスポインターを移動し、Ctrl ＋ Shift キーを押しながら図形を横方向にドラッグします。

MEMO 図形の移動

図形をまっすぐ移動するには、Shift キーを押しながら図形をドラッグします。

③ 図形が真横にコピーされました。

COLUMN

配置ガイドを表示する

図形を選択し、[図形の書式]タブの[オブジェクトの配置]をクリックし、[配置ガイドの使用]をクリックすると、図形を移動したりコピーしたりしたときに用紙の端や中央に緑色の線が表示されます。緑の線を基準に図形を用紙の端や中央にぴったり揃えて配置できます。

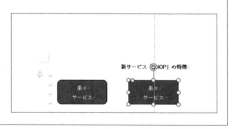

078 複数の図形をきれいに並べる

図形の上端をぴったり揃える

　図を作成するときに、図形の位置がずれてしまったり、大きさがバラバラになってしまったりしたときは、配置機能を使って位置を自動調整します。各図形の端の位置をぴったり揃えたり等間隔に配置したりできます。複数の図形の大きさを変更する方法は、190ページを参照してください。

① 図形をクリックして選択します。

② Ctrl キーを押しながら複数の図形の外枠をクリックします。

③ [図形の書式] タブの [オブジェクトの配置] をクリックし、[上揃え] をクリックします。

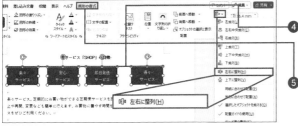

④ 一番の上の図形の上端に、ほかの図形の上端が揃います。

⑤ [図形の書式] タブの [オブジェクトの配置] をクリックし、[左右に整列] をクリックします。

COLUMN

複数の図形を選択する

複数の図形を選択するには、1つ目の図形を選択したあと Ctrl または Shift キーを押しながら2つ目以降の図形の外枠をクリックします。また、[ホーム] タブの [選択] をクリックして [オ

ブジェクトの選択] をクリックすると、オブジェクトを選択するモードになります。図形が配置されている箇所を斜めの方向に囲むようにドラッグすると、その中に含まれる図形をすべて選択できます。オブジェクトを選択するモードを解除するには、Esc キーを押します。

079 複数の図形を描くための キャンバスを使う

描画キャンバスを追加する

複数の図形を組み合わせて図を作るような場合、1つの図としてかんたんに扱えるようにするには描画キャンバスを利用します。描画キャンバスを使うと、あとで図を移動したりするときに複数の図形をまとめて操作できます。図の大きさを指定して場所を確保しておく目的でも使用できます。

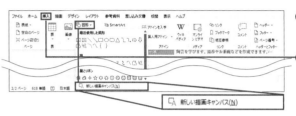

1 描画キャンバスを追加する場所をクリックします。

2 [挿入] タブの [図形] をクリックして [新しい描画キャンバス] をクリックします。

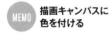

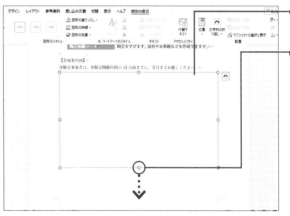

3 描画キャンバスが追加されます。

4 描画キャンバスの周囲に表示されるハンドルをドラッグして大きさを調整します。

> **MEMO** 描画キャンバスに 色を付ける
>
> 描画キャンバスの背景に色を付けるには、描画キャンバスを選択して [図形の書式] タブの [図形の塗りつぶし] をクリックして色を選択します。

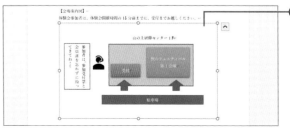

5 描画キャンバスの中に、186ページの方法で図形を描きます。

202

080 複数の図形を1つのグループにまとめる

図形をグループ化する

描画キャンバスを使わずに描いた、既存の図形をひとまとめにして扱うには、図形をグループ化する方法があります。図形をグループ化すると、図をまとめて移動できます。

① 194ページの方法でグループ化する複数の図形を選択します。

② [図形の書式] タブの [オブジェクトのグループ化] をクリックし、[グループ化] をクリックします。

③ 図形がグループ化されます。

④ グループ化された図形の枠をドラッグすると、図形がまとめて移動します。

MEMO グループ化の解除

図形のグループ化を解除するには、グループ化された図形を選択し、[図形の書式] タブの [オブジェクトのグループ化] をクリックし、[グループ解除] をクリックします。

COLUMN

個々の図形を扱うには

図形をグループ化すると、グループ化された図形の周囲に枠が表示されます。枠をドラッグすると複数の図形をまとめて移動できます。個々の図形を移動するには、個々の図形を選択してドラッグします。個々の図形を選択して図形の書式を変更することもできます。

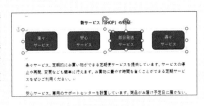

081 図形の重なり順を変更する

下に隠れた図形を上に重ねる

　図形の上に図形を重ねて描くと、あとから描いた図形が既存の図形の上に重なります。そのため、図形を描く順番により、図形が図形の後ろに隠れてしまうケースがあります。必要に応じて図形の重ね順を変更します。

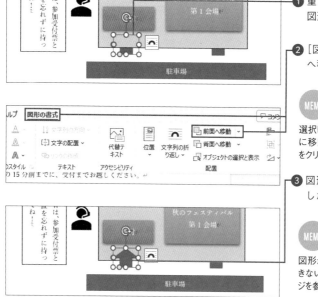

1 重なった図形のいずれかの図形を選択します。

2 [図形の書式] タブの [前面へ移動] をクリックします。

MEMO 背面へ移動

選択した図形を重なった図形の下に移動するには [背面へ移動] をクリックします。

3 図形の重なり順が変わりました。

MEMO 図形が選択できない

図形が図形の下に隠れて選択できない場合は、205、207ページを参照してください。

COLUMN

複数の図形や文字との重ね順を指定する

3つ以上の図形が重なっているとき図形の重ね順を指定するには順番を1つずつ指定する必要はありません。一番上に表示したり一番下に表示したりできます。それには、[前面へ移動] の [▼] の [最前面へ移動]、[背面へ移動] の [▼] の [最背面へ移動] をクリックします。また、文字列の上や下に移動するには [テキストの前面へ移動] [テキストの背面へ移動] をクリックします。

オブジェクトの一覧を表示する

　画面に表示されている図形や画像などのオブジェクトの一覧は、[選択]作業ウィンドウで確認できます。図形の表示の有無や重ね順なども指定できます。ウィンドウの操作方法を確認しておきましょう。

　なお、[選択]作業ウィンドウには、現在選択しているページにあるオブジェクトが表示されます。

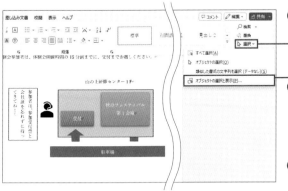

❶ オブジェクトが含まれるページ（ここでは「2」ページ目）をクリックしておきます。

❷ [ホーム]タブの[選択]をクリックし、[オブジェクトの選択と表示]をクリックします。

❸ 選択しているページにあるオブジェクトが、[選択]作業ウィンドウに表示されます。

❹ [選択]作業ウィンドウで、オブジェクトの名前をクリックすると、図形が選択されます。

❺ [▲][▼]をクリックして、重ね順を変更します。

MEMO　オブジェクトの一覧

[選択]オブジェクトの一覧は、オブジェクトを追加した順に表示されます。あとから追加したオブジェクトは、図形を重ねたときに上に重なって表示されます。

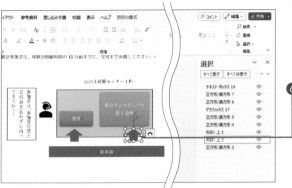

❻ 重なり順が変わりました。

082 図形の表示／非表示を切り替える

図形を一時的に非表示にする

図形を組み合わせて図を描く過程では、図形を移動したり、図形を重ねて描いてしまったりして、図形を見失って困ることがあります。そんなときは、画面上にあるオブジェクトの一覧を確認する目的で、[選択]作業ウィンドウ利用すると便利です。画面に見えていない図形を扱えます。

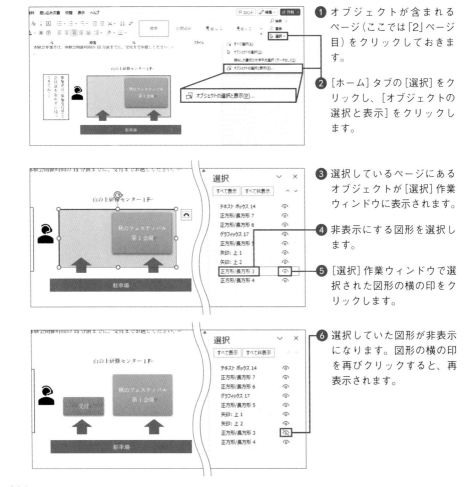

❶ オブジェクトが含まれるページ（ここでは「2」ページ目）をクリックしておきます。

❷ [ホーム]タブの[選択]をクリックし、[オブジェクトの選択と表示]をクリックします。

❸ 選択しているページにあるオブジェクトが[選択]作業ウィンドウに表示されます。

❹ 非表示にする図形を選択します。

❺ [選択]作業ウィンドウで選択された図形の横の印をクリックします。

❻ 選択していた図形が非表示になります。図形の横の印を再びクリックすると、再表示されます。

下に隠れている図形を選択する

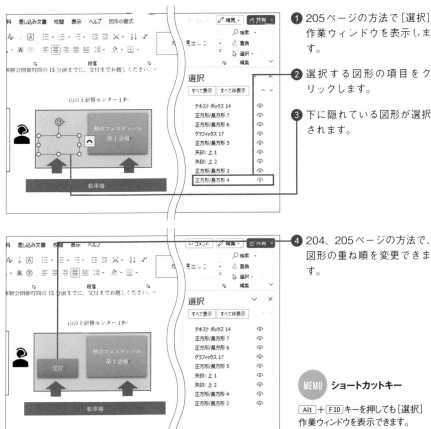

① 205ページの方法で［選択］作業ウィンドウを表示します。

② 選択する図形の項目をクリックします。

③ 下に隠れている図形が選択されます。

④ 204、205ページの方法で、図形の重ね順を変更できます。

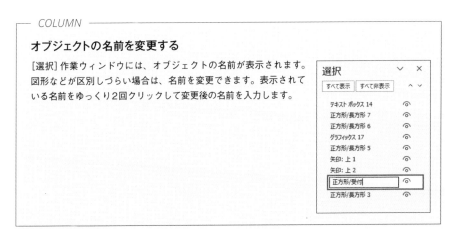

MEMO ショートカットキー

Alt + F10 キーを押しても［選択］作業ウィンドウを表示できます。

--- COLUMN ---

オブジェクトの名前を変更する

［選択］作業ウィンドウには、オブジェクトの名前が表示されます。図形などが区別しづらい場合は、名前を変更できます。表示されている名前をゆっくり2回クリックして変更後の名前を入力します。

083

SmartArtで図を作成する

SmartArtとは?

　ビジネス文書などでは、手順や概念、関係性などを伝えるときは、図解の図を用いるとわかりやすく伝えられます。一から図を作成するのは大変ですが、Wordでは、一般的によく利用されるタイプのさまざまな図をかんたんに描けるSmartArtを利用する方法があります。図で示したい内容を箇条書きで入力するだけでかんたんに作成できます。

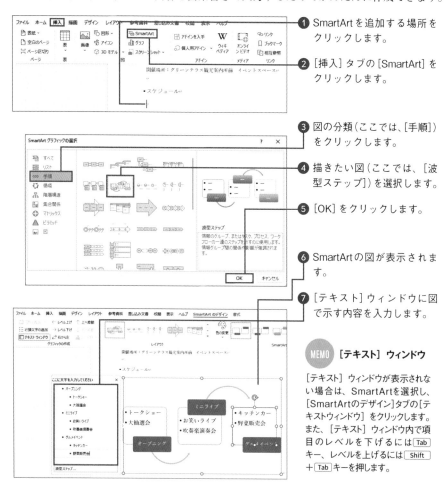

❶ SmartArtを追加する場所をクリックします。

❷ [挿入]タブの[SmartArt]をクリックします。

❸ 図の分類(ここでは、[手順])をクリックします。

❹ 描きたい図(ここでは、[波型ステップ])を選択します。

❺ [OK]をクリックします。

❻ SmartArtの図が表示されます。

❼ [テキスト]ウィンドウに図で示す内容を入力します。

MEMO [テキスト]ウィンドウ

[テキスト]ウィンドウが表示されない場合は、SmartArtを選択し、[SmartArtのデザイン]タブの[テキストウィンドウ]をクリックします。また、[テキスト]ウィンドウ内で項目のレベルを下げるには Tab キー、レベルを上げるには Shift ＋ Tab キーを押します。

SmartArtの図の内容を変更する

SmartArtの図の内容を変更するには、[テキスト]ウィンドウで内容を編集する方法のほか、図形を選択して図形の順番を入れ替えたり、レベルを変更したりする方法があります。

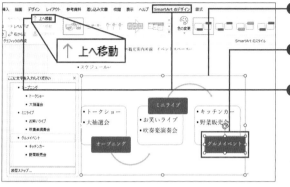

❶ SmartArtをクリックして選択します。

❷ 順番を変更したい図形を選択します。

❸ [SmartArtデザイン]タブの[上へ移動]をクリックします。

MEMO　レベル変更

項目の階層のレベルを変更するには、図形を選択して[SmartArtデザイン]タブの[レベル上げ][レベル下げ]をクリックします。

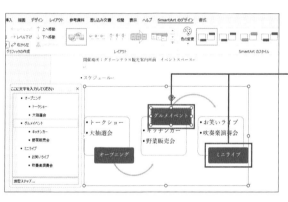

❹ 図形の順番が変わります。下の階層の文字が含まれる図形も移動します。

— COLUMN —

デザインなどを変更する

SmartArtを選択して[SmartArtのデザイン]タブの[色の変更]をクリックすると、図の色合いを指定できます。[SmartArtスタイル]の[クイックスタイル]をクリックしてスタイルを変更できます。また、[レイアウト]の[レイアウトの変更]をクリックすると、SmartArtの図の種類を変更できます。

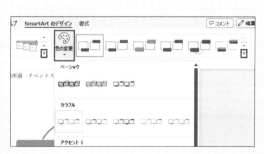

[描画] タブで図形を描く

紙にペンでイラストを描くような感覚で自由にイラストなどを描きたい場合は、[描画] タブを利用してみましょう。ペンの種類や色合いなどを選び、文書内をドラッグしてイラストや図形を描きます。[インクを図形に変換] をクリックして図形を描くと、手書きで書いた図形がきれいな図形に変換されます。[ルーラー] をクリックすると、定規のようなものが表示され、直線を描くときに役立ちます。マウスで絵を描くのは、ちょっと難しいですが、タッチパネル対応のパソコンなら、指で絵を描いたり、専用のタッチペンで描いたりすることもできます。

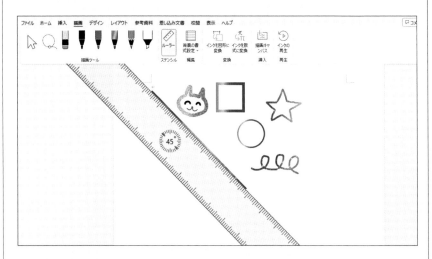

Word 2021 や Microsoft 365 の Word を使用している場合、[インクの再生] をクリックすると、描いた順番通りに絵が表示されます。絵を描く過程のアニメーションを見られます。

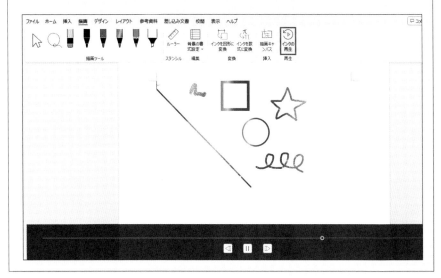

第 **7** 章

一目で伝わる！
表とグラフ演出テクニック

084 表を効率よく作成する

文書内に表を作成する

　細かい情報を項目ごとに整理して伝えるには、表を利用するとよいでしょう。表を作成するときに列数と行数を指定すると、表が用紙の幅いっぱいに表示されます。表に文字を入力するときは、行を追加しながら入力できます。

　ほかのアプリで出力したテキストファイルなどのデータをWordに貼り付けて表形式で表示したい場合などは、データを貼り付けたあとに表に変換することもできます。

❶ 表を追加する場所をクリックします。

❷ [挿入]タブの[表]をクリックし、作成する表の行と列を示すマス目をクリックします。

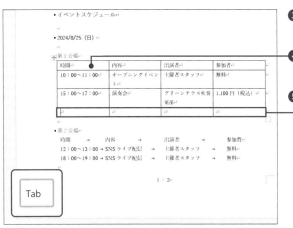

❸ 指定した列数、行数を含む表が作成されます。

❹ 表の中をクリックして文字を入力します。

❺ 右下のセルに文字を入力後、[Tab]キーを押すと、次の行が表示されます。

MEMO セルの移動

表のマス目をセルと言います。表に文字を入力するとき、[Tab]キーを押すと、次のセルに文字カーソルを移動できます。

---- COLUMN ----

「表の挿入」ダイアログボックス

手順❷で［表の挿入］をクリックすると、「表の挿入」ダイアログボックスが表示されます。列数や行数などを指定して表を追加できます。

タブや記号で区切った文字列を表にする

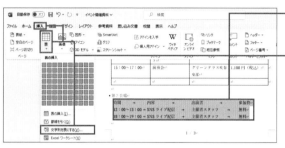

❶ 表に変換する文字列を選択します。

❷ ［挿入］タブの［表］をクリックし、［文字列を表にする］をクリックします。

❸ 文字を区切っている記号（ここでは、［タブ］）を指定します。

❹ ［OK］をクリックします。

❺ 文字列が表に変換されました。

| 15：00～17：00 | 演奏会 | グリーンテラス吹奏楽部 | 1,100 円（税込） |
| | | | |

• 第2会場

時間	内容	出演者	参加費
12：00～13：00	SNS ライブ配信	主催者スタッフ	無料
18：00～19：00	SNS ライブ配信	主催者スタッフ	無料

1 / 2

MEMO 表を解除する

表を解除して文字列だけを残すには、表を選択して、右端の［レイアウト］タブの［表の解除］をクリックします。続いて表示される画面で文字を区切る記号を選択して、［OK］をクリックします。

第7章　一目で伝わる！　表とグラフ演出テクニック

213

085 表のスタイルを瞬時に設定する

表のスタイルを選択する

表を作成したあと、全体のデザインを整えるには、表のスタイルを変更する方法を使うとよいでしょう。表の見出しの行や列などが自動的に強調されて見栄えを整えられます。行や列の罫線の色を個別に指定することもできます。

① 表の中をクリックします。

② [テーブルデザイン]タブの[表のスタイル]の[表のスタイル]をクリックします。

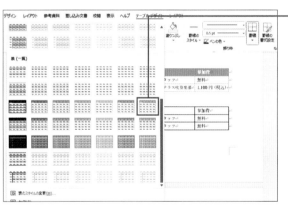

③ スタイルを選んでクリックします。ここでは、[一覧(表)3 - アクセント6]を選択します。

> **MEMO 表スタイルのオプション**
>
> [テーブルデザイン]タブの[表スタイルのオプション]では、左端の列や上端の行などを強調するかどうか指定できます。たとえば、[最初の列]や[タイトル行]などのチェックをオンにします。

COLUMN

罫線の色などを指定する

表の罫線の色などを変更したい場合は、表の中をクリックして[テーブルデザイン]タブの[飾り枠]から[ペンの色]をクリックして色などを選択します。続いて、表の罫線をドラッグします。または、[罫線の書式設定]をクリックしてオフにして、変更したい行や列を選択し、[テーブルデザイン]タブの[罫線]から罫線を引く場所をクリックします。

表のスタイルを登録する

表のスタイルの一覧には、独自のスタイルを登録することもできます。ここでは、「オリジナルスタイル」という名前のスタイルを登録してみましょう。登録したスタイルは、表のスタイルの一覧に追加されます。表のスタイルを指定するときに選択できます。

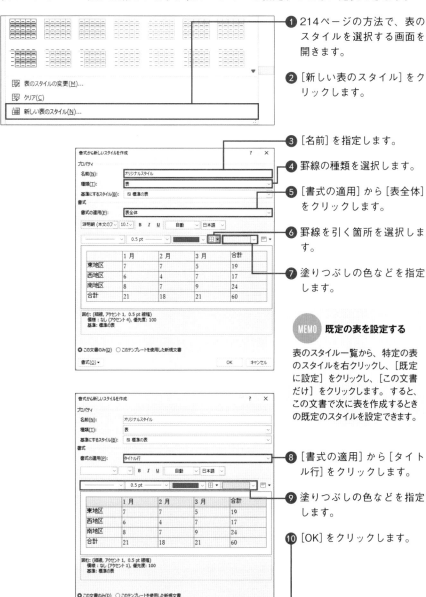

❶ 214ページの方法で、表のスタイルを選択する画面を開きます。

❷ [新しい表のスタイル] をクリックします。

❸ [名前] を指定します。

❹ 罫線の種類を選択します。

❺ [書式の適用] から [表全体] をクリックします。

❻ 罫線を引く箇所を選択します。

❼ 塗りつぶしの色などを指定します。

MEMO　既定の表を設定する

表のスタイル一覧から、特定の表のスタイルを右クリックし、[既定に設定] をクリックし、[この文書だけ] をクリックします。すると、この文書で次に表を作成するときの既定のスタイルを設定できます。

---

❽ [書式の適用] から [タイトル行] をクリックします。

❾ 塗りつぶしの色などを指定します。

❿ [OK] をクリックします。

086 表を削除・分割する

表を削除する

　不要になった表はまとめて削除できます。ここでは、表の中をクリックして表全体を削除します。また、表の文字だけを消すには、表を選択して Delete キーを押します。逆に、表の文字だけは残して利用したい場合は、表を解除します（213ページ参照）。

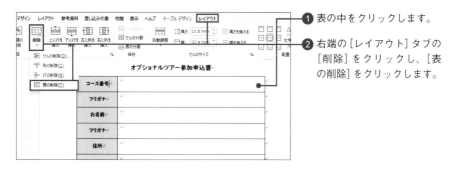

① 表の中をクリックします。

② 右端の［レイアウト］タブの［削除］をクリックし、［表の削除］をクリックします。

③ 表が削除されました。

COLUMN

表の文字を消す

表の中にマウスポインターを移動して表を選択するハンドルをクリックすると、表全体が選択されます。この状態で Delete キーを押すと、表の文字が削除されます。

縦長の表を2つに分割する

　縦長の表を作成したとき、関連する項目をまとめて、区別しやすくするには、表を分割する方法があります。表を分割すると、文字カーソルがある位置の行が新しい表の先頭行になります。必要に応じて、表の小見出しを入力して、表を項目ごとに分類して表示できます。

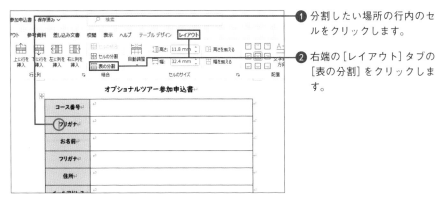

❶ 分割したい場所の行内のセルをクリックします。

❷ 右端の［レイアウト］タブの［表の分割］をクリックします。

❸ 選択していたセルの位置で表が分割されました。

COLUMN

再び結合する

分割した表を再び結合するには、分割した位置に文字カーソルを移動して Delete キーを押します。うまく結合できない場合は、分割した位置にある空白の行全体を選択して Delete キーを押します。

087 行や列を追加・削除する

列を入れ替えて移動する

表を作成中に、列や行の並び順を間違えてしまった場合は、列や行を入れ替えます。複数の列や行を入れ替えるには、複数の列や行を選択してから操作します。マウスポインターの形と移動先を示す線に注目しながら操作します。

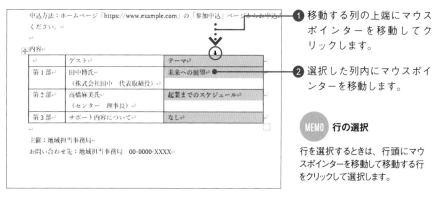

❶ 移動する列の上端にマウスポインターを移動してクリックします。

❷ 選択した列内にマウスポインターを移動します。

MEMO 行の選択

行を選択するときは、行頭にマウスポインターを移動して移動する行をクリックして選択します。

❸ 移動先の列の上端の左端にドラッグします。

MEMO 行の移動

行を移動するには、移動先の行の左端にドラッグします。

❹ 列が移動しました。

表の途中に列を追加する・行を削除する

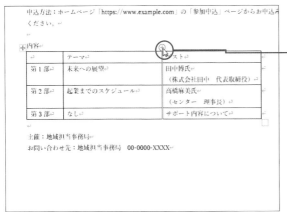

❶ 表の上部にマウスポインターを移動します。

❷ 追加したい場所に表示される[＋]をクリックします。

MEMO　行の追加

行を追加する場合は、表の左端にマウスポインターを移動し、追加したい場所に表示される［＋］をクリックします。

❸ 列が追加されました。

❹ 削除したい行や列のセルをクリックします。

❺ 右端の［レイアウト］タブの［削除］をクリックし、削除対象（ここでは、［行の削除］）を選択します。

❻ 行が削除されました。

MEMO　表の配置

表を用紙の幅に対して中央に配置するには、表全体を選択して［ホーム］タブの［中央揃え］をクリックします。

088 表の行の高さや列の幅を調整する

列の幅をドラッグ操作で調整する

　列数と行数を指定して表を追加すると、表が用紙の幅いっぱいに表示されて、列幅は均等になります。列幅はあとから調整できます。表の項目の文字数などに合わせて変更して見栄えを整えます。列と列の境界線を Shift キーを押しながらドラッグすると、ドラッグした箇所の左の列幅が変わり、表の幅も変わります。 Ctrl キーを押しながらドラッグすると、ドラッグした箇所に隣接する列幅だけでなく右側の列の列幅も変わります。表の幅は変わりません。

❶ 列の右側境界部分にマウスポインターを移動します。

❷ マウスポインターの形が変わったら左右にドラッグします。

❸ 表の幅は変わらずにドラッグした列に隣接する列の幅が変わります。

❹ ほかの列幅も同様にして調整します。

MEMO 行の高さ

行の高さを変更するには、行の下境界線部分をドラッグします。

COLUMN

数値で指定する

行や列を選択して、右端の [レイアウト] タブの [高さ]や [幅] の欄で行の高さや列の幅を変更できます。

文字列に合わせて調整する

　列幅に収まらない文字は自動的に折り返して表示されます。表の項目や内容の文字が短い場合は、文字の長さに合わせて調整することで、列幅と表の幅を自動的に調整できます。

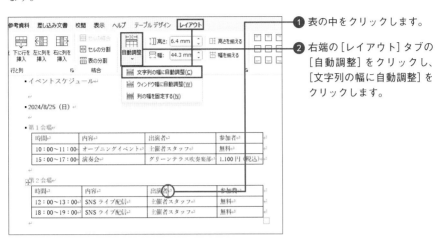

❶ 表の中をクリックします。

❷ 右端の[レイアウト]タブの[自動調整]をクリックし、[文字列の幅に自動調整]をクリックします。

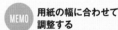

❸ 表の列幅が文字の長さに合わせて調整されます。

> **MEMO　用紙の幅に合わせて調整する**
>
> 用紙の幅に合わせて列幅を調整するには、[ウィンドウ幅に自動調整]を選択します。

COLUMN

列幅を均等に揃える

表の行の高さや列幅を均等に揃えるには、表の中をクリックして、右端の[レイアウト]タブから高さを揃えるのか幅を揃えるのか指定します。表の左端の見出しを除いて、右側に位置する列の列幅を均等にするには、左端の列の右側境界線部分を [Shift] + [Ctrl] キーを押しながらドラッグします。

089 セルの大きさや余白を変更する

セルを追加／削除する

「申込書」や「履歴書」のような複雑な形式の表を作成するときは、表の途中にセルを追加したり、複数のセルを結合したり、分割したりしながら操作します。セルを分割して複数の列や行にするとき、セルに文字が入力されていた場合、文字の配置が思い通りにならないこともあります。セルを分割する操作は、なるべく文字を入力する前に行うとよいでしょう。

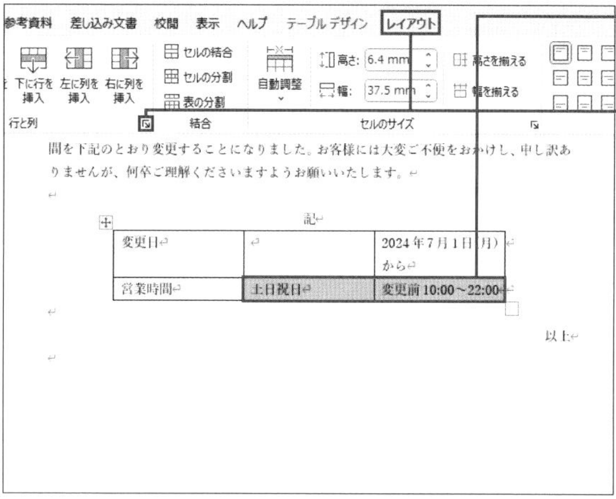

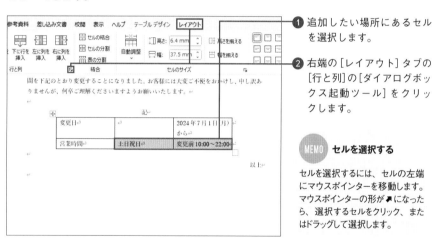

❶ 追加したい場所にあるセルを選択します。

❷ 右端の［レイアウト］タブの［行と列］の［ダイアログボックス起動ツール］をクリックします。

MEMO セルを選択する

セルを選択するには、セルの左端にマウスポインターを移動します。マウスポインターの形が➚になったら、選択するセルをクリック、またはドラッグして選択します。

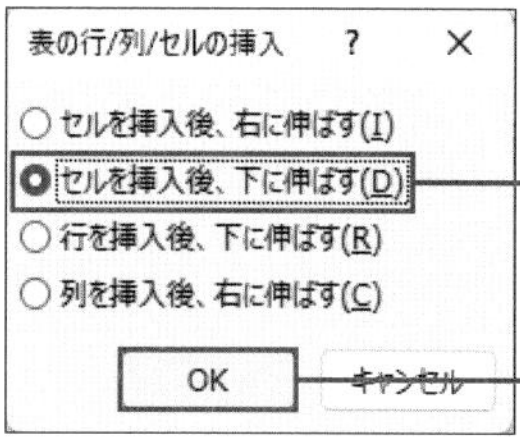

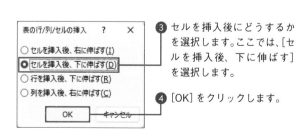

❸ セルを挿入後にどうするかを選択します。ここでは、［セルを挿入後、下に伸ばす］を選択します。

❹ ［OK］をクリックします。

MEMO 行や列の挿入

選択したセルを含む行や列を挿入する場合は、［行を挿入後、下に伸ばす］［列を挿入後、右に伸ばす］をクリックします。

⑤ セルが追加されました。

複数のセルを結合する

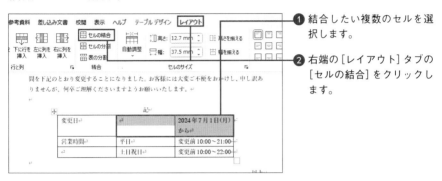

❶ 結合したい複数のセルを選択します。

❷ 右端の［レイアウト］タブの［セルの結合］をクリックします。

❸ セルが結合されました。

❹ ほかのセルも同様に結合します。

COLUMN

文字の方向

セルの文字の方向を変更するには、右端の［レイアウト］タブの［文字の方向］をクリックします。

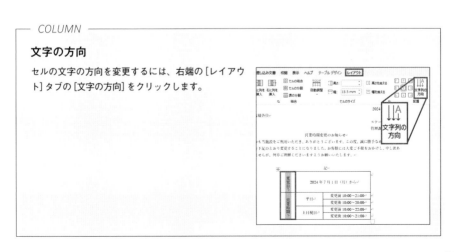

セルを分割する

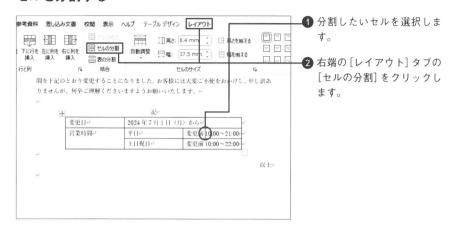

① 分割したいセルを選択します。

② 右端の [レイアウト] タブの [セルの分割] をクリックします。

③ 分割する列や行の数を指定します。ここでは、列数は [1]、行数は [2] を指定します。

④ [OK] をクリックします。

 列や行の数

指定できる列や行の数は、選択している列や行によって異なります。また、[分割する前にセルを結合する]のチェックがオンになっているときは、セルを分割する前に選択しているセルを一度結合してから、指定した列数や行数分に分割します。

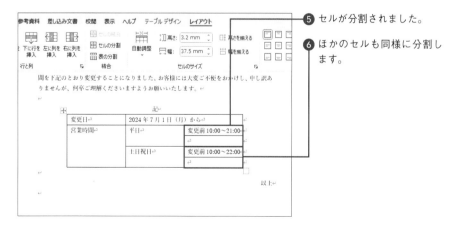

⑤ セルが分割されました。

⑥ ほかのセルも同様に分割します。

項目を中央に配置する

① 配置を変更したいセルを選択します。

② 右端の [レイアウト] タブの [中央揃え] をクリックします。

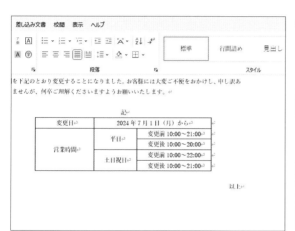

③ 表の項目がセルの中央に配置されました。必要に応じて表の列幅を調整します。

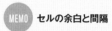

MEMO セルの余白と間隔

セルと文字が近い場合は、余白を調整できます。表内をクリックし、右端の [レイアウト] タブの [セルの配置] をクリックし、表示される [表のオプション] 画面の [既定のセルの余白] を指定します。[既定のセルの間隔] を指定すると、セルとセルの間隔を指定できます。

--- COLUMN ---

項目を均等に割り付ける

文字を均等に割り付けるには、対象のセルを選択し、右端の [レイアウト] タブの [セルのサイズ] の [ダイアログボックス起動ツール] をクリックします。[セル] タブの [オプション] をクリックして [文字列をセル幅に均等に割り付ける] をクリックします。あとから列幅を変更した場合、文字の配置は自動的に調整されます。セルを選択して、段落の配置を均等割り付けに設定しても、文字を均等に割り付けられます。ただし、列幅が狭くなったときに、セルのオプションで設定した場合は文字が自動的に小さく調整されますが、段落の配置で設定した場合は文字の大きさは変更されないので注意します。

090 表のタイトルや見出しを 指定する

表の上にタイトルを入力する

表の上には、表の内容がわかりやすいようにタイトルを表示しておくと親切です。ただし、表が用紙の一番上に配置されている場合、タイトルを入力するスペースがありません。そのようなときは、表の上に行を追加してタイトルを入力しましょう。表の表示位置を1行下にずらします。

① 表の左上端のセルの左端を クリックします。

② Enter キーを押します。

③ 行が追加されます。

④ タイトルを入力します。

COLUMN

2ページ目以降の場合

2ページ目以降の先頭に表が配置されているとき、先頭行の先端をクリックして Enter キーを押すと、表の中で改行されてしまいます。この場合、表の先頭行をクリックして、右端の[レイアウト]タブの[表の分割]をクリックします。すると、先頭に文字を入力する行が表示されます。

226

表の見出しの行が次のページにも表示されるようにする

複数ページにわたる縦長の表を作成した場合、通常、表の見出しの行は2ページ目以降に表示されません。見出しがないとわかりづらい場合は、2ページ目以降にも見出しが表示されるように設定を変更します。1ページ目の見出しの内容が変わった場合も自動的に変わります。

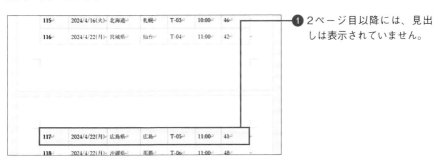

❶ 2ページ目以降には、見出しは表示されていません。

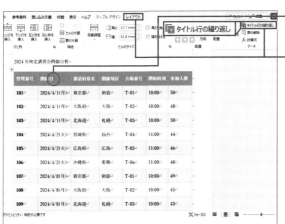

❷ 見出しとして表示する行を選択します。

❸ 右端の［レイアウト］タブの［タイトル行の繰り返し］をクリックします。

MEMO　複数行の指定

見出しの行を指定するときは、先頭行を含む必要があります。なお、見出しは複数行を指定することもできます。たとえば、先頭行から3行目までを選択して、手順❸の操作を行います。

❹ 次ページを表示します。

❺ 見出しが表示されました。

MEMO　表示と印刷

タイトル行の繰り返しの設定は、［印刷レイアウト］表示で確認できます。なお、設定を変更して文書を印刷すると、各ページに見出しが印刷されます。

091

表の値を使って計算をする

表に入力されている数値の合計を求める

計算というとExcelを使うイメージがあるかもしれませんが、かんたんな計算ならWordでもできます。セルの場所を示すセル参照を使った計算式や、関数を使った計算式などを使用できます。ただし、Excelとは式の書き方が異なる場合があります。

Excelの操作に慣れている場合は、Excelの表を利用するほうがかんたんですが、Wordで作成済みの表に計算結果を表示したい場合は、次の方法を試してみましょう。ここでは、掛け算と合計の計算式を入力します。計算式を設定する画面では、計算結果の数値の表示形式も指定できます。表示形式は、Excelのセルの表示形式と同様の形式で指定できます。「#,##0」は、数値を3桁区切りのカンマを付けて表示します。数値が「0」の場合は「0」と表示します。

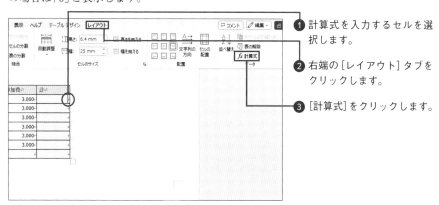

❶ 計算式を入力するセルを選択します。

❷ 右端の[レイアウト]タブをクリックします。

❸ [計算式]をクリックします。

❹ 計算式(ここでは、「=B2*C2」)を入力し、表示形式(ここでは、「#,##0」)を指定します。

❺ [OK]をクリックします。

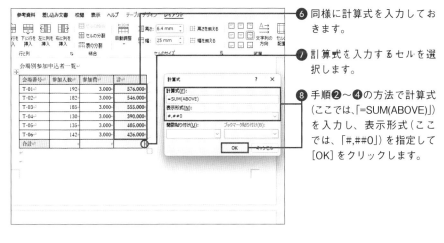

⑥ 同様に計算式を入力しておきます。

⑦ 計算式を入力するセルを選択します。

⑧ 手順②〜④の方法で計算式（ここでは、「=SUM(ABOVE)」）を入力し、表示形式（ここでは、「#,##0」）を指定して[OK]をクリックします。

⑨ 計算結果が表示されました。

COLUMN

計算式について

Wordで計算式を作るには、次のような方法があります。また、計算元に指定したセルの数値が変わった場合、計算結果を更新するには、計算式を右クリックしてフィールドを更新します（33、34ページ参照）。なお、数値が表示されているセルを選択し、右端の[レイアウト]タブの[中央揃え（右）]をクリックすると、数値を右揃えに配置できます。

計算式	内容
=A1+B2	一番左の列がA列、左から2列目がB列・・・になります。左の例は、A列の1行目のセルの数値と、B列の2行目のセルの数値を足し算します。
=SUM(A1:A4)	A1〜A4セルの数値の合計を表示します。
=SUM(ABOVE)	計算式を入力しているセルの上にあるすべてのセルの値の合計を表示します。

092 Excelの表をWordに 貼り付けて利用する

　売上データなどの割合や推移をわかりやすく伝えるには、グラフの利用が欠かせません。表やグラフの作成は、Excelのほうが手馴れている方も多いでしょう。その場合は、Excelの表やグラフをWordの文書に貼り付けて利用するとよいでしょう。Excelで設定されていた書式を使用するか、データをリンクするかなど貼り付けの方法を選択できます。Excelで作成している表やグラフがない場合は、Wordの文書にExcelの画面を貼り付けたようなイメージでワークシートを操作することもできます。

Wordの文書内でExcelを使う

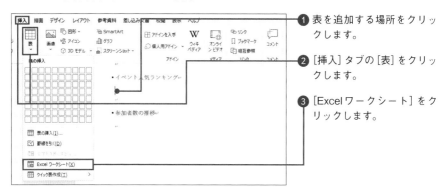

❶ 表を追加する場所をクリックします。

❷ [挿入] タブの [表] をクリックします。

❸ [Excelワークシート] をクリックします。

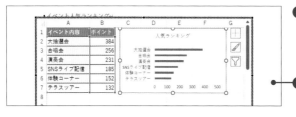

❹ Excelの画面と同じような画面が表示されます。Excelとほぼ同じ機能を使って操作できます。

❺ Excelワークシート以外の箇所をクリックします。

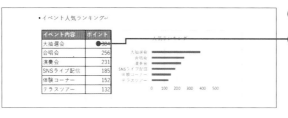

❻ Wordの画面に戻ります。

❼ Excelワークシート部分をダブルクリックすると、再びExcelワークシートの操作ができるようになります。

Excelの表をコピーして貼り付ける

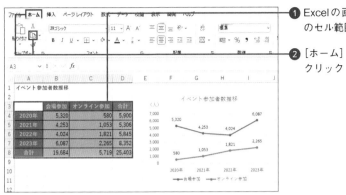

1. Excelの画面で作成した表のセル範囲を選択します。

2. [ホーム]タブの[コピー]をクリックします。

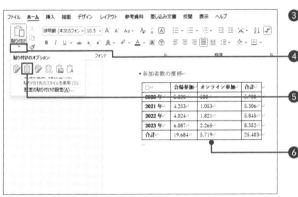

3. Wordの画面に切り替えます。

4. [ホーム]タブの[貼り付け]の[▼]をクリックします。

5. 貼り付け方法(ここでは、[貼り付け先のスタイルを使用])を選びクリックします。

6. 表を貼り付けることができます。

COLUMN

貼り付け方法を選択する

表を貼り付けるときには、次のような方法があります。リンク貼り付け（233ページ参照）とは、元のExcelのデータが変わった場合、Wordにその変更を反映させられる状態で貼り付ける方法です。

表の貼り付け方法

貼り付け方法	内容
元の書式を保持	Excel の書式を保ったまま表を貼り付けます。
貼り付け先のスタイルを使用	Word 側のスタイルを適用して表を貼り付けます。
リンク（元の書式を保持）	Excel の書式を保ったまま表をリンク貼り付けします。
リンク（貼り付け先のスタイルを使用）	Word 側のスタイルを適用して表をリンク貼り付けします。
図	図として貼り付けます。表の編集はできなくなります。
テキストのみ保持	文字情報のみ貼り付けます。

Excelのグラフを貼り付ける

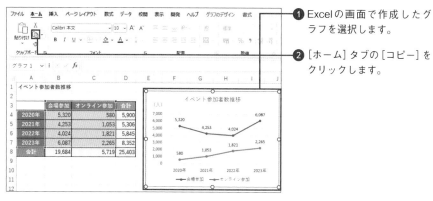

① Excelの画面で作成したグラフを選択します。

② [ホーム] タブの [コピー] をクリックします。

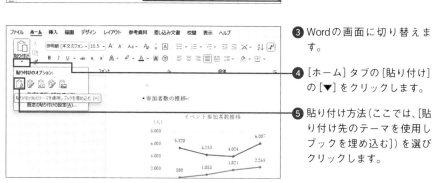

③ Wordの画面に切り替えます。

④ [ホーム] タブの [貼り付け] の [▼] をクリックします。

⑤ 貼り付け方法（ここでは、[貼り付け先のテーマを使用しブックを埋め込む]）を選びクリックします。

COLUMN

貼り付け方法を選択する

グラフを貼り付けるときには、次のような方法があります。リンク貼り付け（233ページ参照）とは、元のExcelのデータが変わった場合、Wordにその変更を反映させられる状態で貼り付ける方法です。

グラフの貼り付け方法

貼り付け方法	内容
貼り付け先のテーマを使用しブックを埋め込む	Word側のスタイルを適用してグラフを貼り付けます。グラフを編集するときは、グラフを右クリックして [データの編集] をクリックします。
元の書式を保持しブックを埋め込む	Excelの書式を保ったままグラフを貼り付けます。グラフを編集するときは、グラフを右クリックして [データの編集] をクリックします。
貼り付け先テーマを使用しデータをリンク	Word側のスタイルを適用してグラフをリンク貼り付けします。
元の書式を保持しデータをリンク	Excelの書式を保ったままグラフをリンク貼り付けします。
図	図として貼り付けます。グラフの編集はできなくなります。

Excelでの変更をWordに反映させる

Excelで作成したグラフや表をWordの文書に貼り付けて利用します。このとき、Excelのデータが変更されたときにWordにその変更を反映させられるようにするには、リンク貼り付けをします。変更を反映させるにはリンクを更新します。

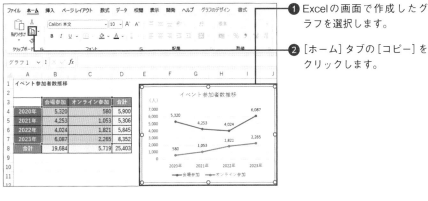

① Excelの画面で作成したグラフを選択します。

② [ホーム]タブの[コピー]をクリックします。

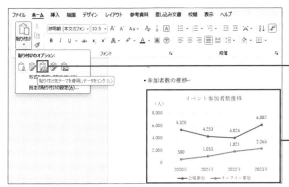

③ Wordの画面に切り替えます。232ページの方法でグラフを貼り付ける画面を表示します。

④ [貼り付け先テーマを使用しデータをリンク]をクリックします。

⑤ グラフがリンク貼り付けで貼り付けられます。

COLUMN

リンクの更新

リンク貼り付けした表やグラフを含むWordのファイルは、Backstageビューの[情報]欄に、リンク元のファイルの情報が表示されます。[ファイルへのリンクの編集]をクリックすると、リンク元を変更したり、リンクを更新したり、リンクの更新方法を指定できます。

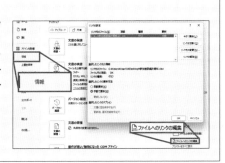

Wordでグラフを作る

文書にグラフを追加するには、いくつか方法があります。Excelで既に作成しているグラフがある場合は、Excelのグラフを貼り付けるとかんたんです（232、233ページ参照）。グラフを作成していない場合は、Excelでグラフを作成してWordに貼り付けることができますが、Wordでもグラフを作成できます。それには、グラフを追加する箇所をクリックして、[挿入]タブの[グラフ]をクリックします。
なお、Excelがインストールされていない場合、表示される画面は異なりますので注意してください。

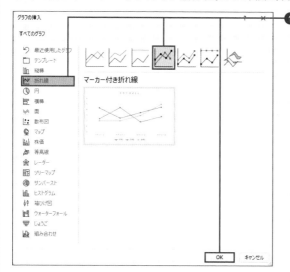

❶ グラフの種類とタイプを選択し、[OK]をクリックします。

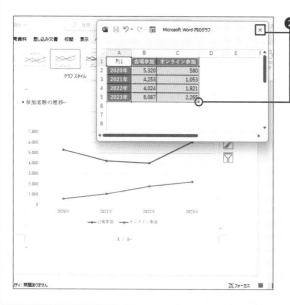

❷ グラフの元になる表を作成し、枠線をドラッグして表の大きさを調整します。[閉じる]をクリックすると、グラフが表示されます。

第 **8** 章

ミスを事前に防ぐ！
文書校正効率UPテクニック

093 スペースやタブなどの 編集記号を表示する

編集記号を表示するか切り替える

　複雑なレイアウトの文書を作成しているときは、セクション区切りやタブなどの編集記号を画面に表示しておくとよいでしょう。文書のどこにどんな指示をしているか一目でわかるので、文書のレイアウトを整えるときに役立ちます。

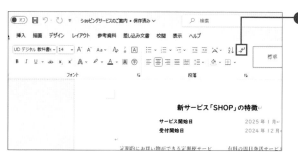

❶ [ホーム]タブの[編集記号の表示／非表示]をクリックします。

MEMO 段落記号

通常は編集記号を表示していなくても、段落記号は表示されます（下のCOLUMN参照）。

❷ 編集記号が表示されます。

COLUMN

常に表示する編集記号を指定する

[ホーム]タブの[編集記号の表示／非表示]をクリックしなくても、指定した編集記号を常に表示するには、[Wordのオプション]ダイアログボックス（318ページ参照）で指定します。[表示]の[常に画面に表示する編集記号]を指定します。[ホーム]タブの[編集記号の表示／非表示]をクリックしていないのに余計な編集記号が表示されているという場合は、ここを確認しましょう。[すべての編集記号を表示する]のチェックは、[ホーム]タブの[編集記号の表示／非表示]の設定と連動しています。

全角半角、
大文字小文字を統一する

文字を半角文字に統一する

複数の人で文書を編集した場合などは、英字や数字の全角や半角などが統一されずバラバラになってしまうことがあります。全角と半角、大文字と小文字を統一するには、文字種の変換機能を使う方法があります。ひらがなをカタカナに、カタカナをひらがなに変換することもできます。

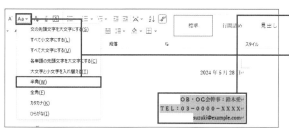

❶ 半角と全角が混在している箇所の範囲を選択します。

❷ [ホーム]タブの[文字種の変換]をクリックし、ここでは、[半角]をクリックします。

❸ 英字や数字の全角文字が半角文字に変換されました。

MEMO 検索もできる

検索機能を使って指定した単語を検索するときに、大文字や小文字、全角と半角を区別して検索できます。

— COLUMN —

再変換で変換する

全角と半角、ひらがなとカタカナは、変換対象の単語を右クリックすると表示される変換候補から変換することもできます。変換する単語に文字カーソルを移動して[変換]キーで変換することもできます。

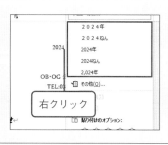

095 文字や書式設定を検索／置換する

指定した文字を検索する

　特定のキーワードを検索して内容を確認するには、検索機能を使います。かんたんな条件で検索するには、[ナビゲーション]ウィンドウを使うと手軽に検索できます。より詳細な検索条件を指定するには、[検索と置換]ダイアログボックスを利用します。Word 2021やMicrosoft 365のWordを使用している場合は、ウィンドウの上部の[Microsoft Search]ボックスを使用してより手早く検索できます。

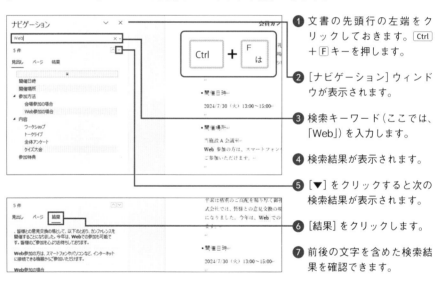

❶ 文書の先頭行の左端をクリックしておきます。Ctrl＋Fキーを押します。

❷ [ナビゲーション]ウィンドウが表示されます。

❸ 検索キーワード（ここでは、「Web」）を入力します。

❹ 検索結果が表示されます。

❺ [▼]をクリックすると次の検索結果が表示されます。

❻ [結果]をクリックします。

❼ 前後の文字を含めた検索結果を確認できます。

COLUMN

検索条件を細かく指定する

大文字と小文字を区別して検索するなど、検索条件を細かく指定するには、[ホーム]タブの[検索]の[▼]をクリックして[高度な検索]をクリックします。表示される画面の[オプション]をクリックし、[検索オプション]を指定します。このとき、[あいまい検索]を選択していると、[大文字と小文字を区別する]などは選択できないので注意します。

指定した文字を別の文字に置き換える

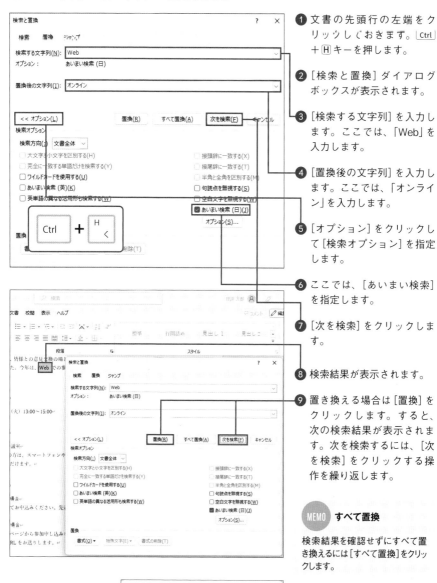

1. 文書の先頭行の左端をクリックしておきます。Ctrl + H キーを押します。

2. [検索と置換] ダイアログボックスが表示されます。

3. [検索する文字列] を入力します。ここでは、「Web」を入力します。

4. [置換後の文字列] を入力します。ここでは、「オンライン」を入力します。

5. [オプション] をクリックして [検索オプション] を指定します。

6. ここでは、[あいまい検索] を指定します。

7. [次を検索] をクリックします。

8. 検索結果が表示されます。

9. 置き換える場合は [置換] をクリックします。すると、次の検索結果が表示されます。次を検索するには、[次を検索] をクリックする操作を繰り返します。

MEMO すべて置換

検索結果を確認せずにすべて置き換えるには [すべて置換] をクリックします。

10. 検索が終了するとメッセージが表示されます。

11. [OK] をクリックします。

置換後の文字の書式を指定して赤字にする

　検索した文字を指定した文字に置き換えます。置き換える文字列を指定するときに、文字列の書式を設定できます。ここでは、置換後の文字を赤字にします。また、文字を検索するときに、検索する文字の書式を検索条件に指定することもできます。

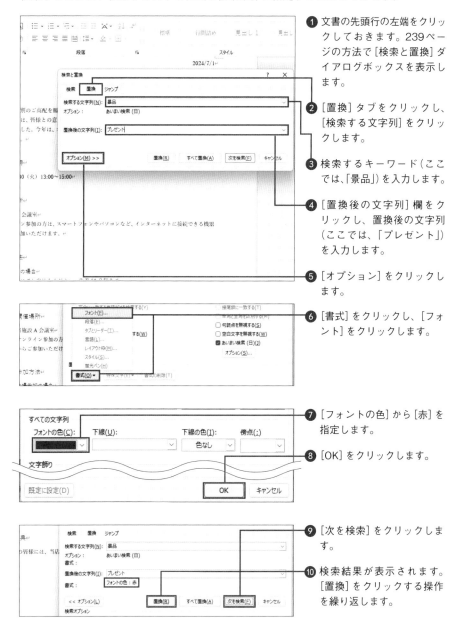

❶ 文書の先頭行の左端をクリックしておきます。239ページの方法で［検索と置換］ダイアログボックスを表示します。

❷ ［置換］タブをクリックし、［検索する文字列］をクリックします。

❸ 検索するキーワード（ここでは、「景品」）を入力します。

❹ ［置換後の文字列］欄をクリックし、置換後の文字列（ここでは、「プレゼント」）を入力します。

❺ ［オプション］をクリックします。

❻ ［書式］をクリックし、［フォント］をクリックします。

❼ ［フォントの色］から［赤］を指定します。

❽ ［OK］をクリックします。

❾ ［次を検索］をクリックします。

❿ 検索結果が表示されます。［置換］をクリックする操作を繰り返します。

240

貼り付けた文章の改行の記号を削除する

　ほかのアプリから文章をコピーして貼り付けた場合、元の文章の行の幅の位置で改行されてしまうケースがあります。置換機能を使用すると、指定した編集記号をまとめて削除できます。操作の前に、既存の条件などは削除しておきます（MEMO参照）。

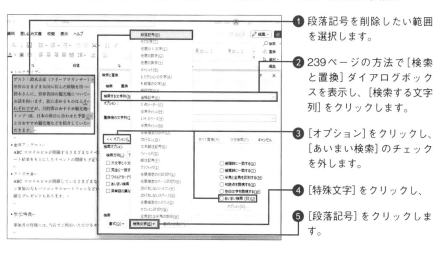

❶ 段落記号を削除したい範囲を選択します。

❷ 239ページの方法で［検索と置換］ダイアログボックスを表示し、［検索する文字列］をクリックします。

❸ ［オプション］をクリックし、［あいまい検索］のチェックを外します。

❹ ［特殊文字］をクリックし、

❺ ［段落記号］をクリックします。

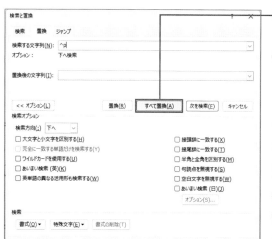

❻ ［すべて置換］をクリックします。

❼ このあと、文書を検索するかメッセージが表示されたら［いいえ］をクリックします。

MEMO　書式を削除しておく

［検索する文字列］や［置換後の文字列］の文字列や書式条件は、削除しておきます。書式条件は、［検索する文字列］や［置換後の文字列］欄をクリックし、［書式の削除］をクリックします。

❽ 段落記号が削除されました。

096 文章の文法や表記ゆれを チェックする

文法上の間違いなどをチェックする

文章の文法上の間違いや表記ゆれ、誤入力などのミスを少なくするには、Wordの チェック機能を活用するとよいでしょう。Wordでは、間違いの可能性がある箇所に印 を付けて指摘してくれます。

なお、文法の間違いをチェックしたときに、Microsoft 365のWordを使用している場 合は[エディター]ウィンドウが表示されます(342ページ参照)。

❶ 間違いの可能性のある箇所 には線が表示されます。

❷ [校閲]タブの[スペルチェッ クと文章校正]をクリック します。

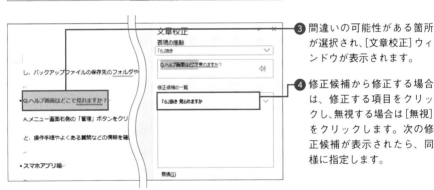

❸ 間違いの可能性がある箇所 が選択され、[文章校正]ウィ ンドウが表示されます。

❹ 修正候補から修正する場合 は、修正する項目をクリッ クし、無視する場合は[無視] をクリックします。次の修 正候補が表示されたら、同 様に指定します。

--- COLUMN ---

再度チェックをし直す場合

文書の内容をチェックしたあとに、修正をせずに無視した内 容をもう一度チェックするには、[Wordのオプション]ダイア ログボックス(318ページ参照)の[文章校正]をクリックして [再チェック]をクリックします。

表記ゆれがあるかチェックする

　「プリンター」や「プリンタ」、「ブロッコリー」と「ブロッコリ」など、同じ意味の単語でも表記ゆれがある場合は、Wordが自動的にチェックして印を付けてくれます。どちらの表記に統一するか指定します。

❶ [校閲] タブの [表記ゆれチェック] をクリックします。

❷ 表記ゆれがある箇所が表示されます。

❸ [対象となる表記の一覧] から修正する項目をクリックし、[修整候補] から修正候補をクリックして [変更] をクリックします。

❹ 同様に表記ゆれの箇所を修正し、[閉じる] をクリックします。

❺ このあと、メッセージが表示されたら [OK] をクリックします。

— COLUMN —

「申し込み」と「申込」などの表記

「申し込み」と「申込」などの送り仮名の表記ゆれをチェックするには、[Wordのオプション] ダイアログボックス（318ページ参照）の [文書校正] の [設定] をクリックし、[文章校正の詳細設定] の [表記の揺れ] の [揺らぎ（送り仮名）] のチェックをオンにします。そのあと、表記ゆれのチェックをします。

文章校正の詳細設定

文書のスタイル(W):

通常の文

オプション(O):
表記の揺れ
☑ 揺らぎ（カタカナ）
☑ 揺らぎ（送り仮名）
☐ 揺らぎ（漢字/仮名）
☐ 揺らぎ（数字）
☐ 揺らぎ（全角/半角）
表記の基準

097

文書内にコメントを入れる

コメントを入れてメッセージを表示する

　文書を複数の人でチェックをするようなときに、かんたんな会話のやり取りをするにはコメントを利用すると便利です。文書の内容に手を加えずに、指定した箇所に関するメッセージを伝えられます。

　なお、コメントを追加したときの名前は、サインインしているMicrosoftアカウントの氏名が表示されます。サインインしていない場合は、[Wordのオプション]ダイアログボックス（318ページ参照）の[全般]の[ユーザー名]に指定されているものが表示されます。

❶ コメントを追加する箇所を選択します。

❷ [校閲] タブの [新しいコメント] をクリックします。

❸ コメントの内容を入力します。

❹ Word 2021 や Microsoft 365のWordを使用している場合は、[コメントを投稿する] をクリックします。

COLUMN

コメントを編集する

コメントを削除するには、コメントをクリックして[校閲]タブの[コメントの削除]をクリックします。Word 2021 や Microsoft 365のWordを使用している場合は、コメントの「…」（[その他のスレッド操作]）をクリックし、[スレッドの削除]をクリックする方法もあります。内容を編集する場合は、鉛筆のマークの[コメントを編集]をクリックします。Word 2019では、コメントをクリックして編集します。なお、お使いのWordによって画面の表示が異なる場合があります。

コメントに返信する

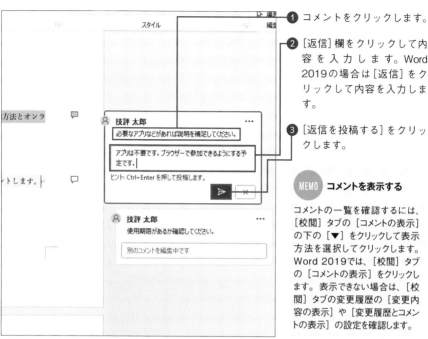

1. コメントをクリックします。

2. [返信] 欄をクリックして内容を入力します。Word 2019の場合は [返信] をクリックして内容を入力します。

3. [返信を投稿する] をクリックします。

MEMO コメントを表示する

コメントの一覧を確認するには、[校閲] タブの [コメントの表示] の下の [▼] をクリックして表示方法を選択してクリックします。Word 2019では、[校閲] タブの [コメントの表示] をクリックします。表示できない場合は、[校閲] タブの変更履歴の [変更内容の表示] や [変更履歴とコメントの表示] の設定を確認します。

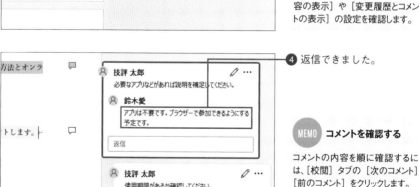

4. 返信できました。

MEMO コメントを確認する

コメントの内容を順に確認するには、[校閲] タブの [次のコメント][前のコメント] をクリックします。

第8章 ミスを事前に防ぐ！ 文書校正効率UPテクニック

--- COLUMN ---

コメントを確認する

コメントでメッセージのやり取りをしたあと、問題が解決した場合は、コメントの「…」をクリックし、[スレッドを解決する] をクリックします。Word 2019の場合は、[解決] をクリックします。解決したものを再び解除するには、コメントをクリックして矢印のマークの [もう一度開く] をクリックします。

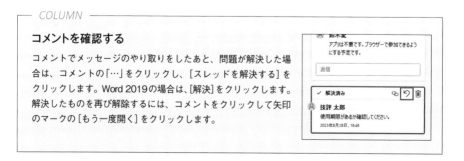

098 文書の変更履歴を
確認する

変更履歴を残す準備をする

　文書を複数の人数でチェックするような場合は、誰がどこをどのように編集したのか
わかるようにしておくとよいでしょう。責任者は、最終的に修正を反映させるかどうか
を指定することで、かんたんに文書を完成させられます。

　この機能を使うには、文書に変更履歴を残す設定にしてから文書を編集します。編集
された文書を完成させるには、変更箇所を確認しながら、［承諾］か［元に戻す］のか選
択します。確認後は、変更履歴を残す機能をオフにします。

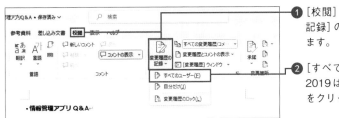

❶ ［校閲］タブの［変更履歴の
記録］の［▼］をクリックし
ます。

❷ ［すべてのユーザー］（Word
2019は［変更履歴の記録］）
をクリックします。

❸ 文書の内容を修正します。

❹ 修正箇所が表示されます。

❺ 書式を変更したりしても変
更履歴が残ります。

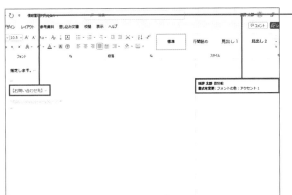

> **MEMO 変更履歴の表示**
>
> 変更履歴の表示方法は指定でき
> ます。たとえば、変更履歴を画面
> の右側に吹き出しで表示するには、
> ［校閲］タブの［変更内容の表示］
> の ［▼］をクリックし、表示する
> 内容を選びます。続いて、［変更
> 履歴とコメントの表示］をクリックし、
> ［吹き出し］を選択し、［変更履歴
> を吹き出しに表示］をクリックしま
> す。

変更箇所を反映させるか元に戻すか選ぶ

❶ 文書の先頭をクリックします。

❷ [校閲] タブの [次の変更箇所] をクリックします。

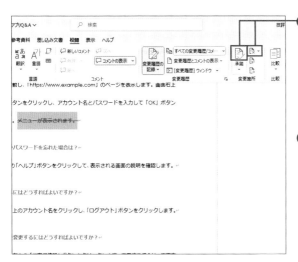

❸ 変更箇所が表示されます。変更を反映させるには [承諾]、反映させない場合は [元に戻す] をクリックします。また、それぞれの [▼] をクリックして操作を選ぶこともできます。

❹ 手順❷からの操作を繰り返してすべての変更箇所を確認します。「文書には変更履歴が含まれていません」と表示されたら、[OK] をクリックします。

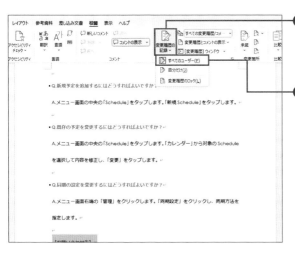

❺ 変更履歴を残す機能をオフにするには、[変更履歴の記録] の [▼] をクリックします。

❻ [すべてのユーザー]（Word 2019 は [変更履歴の記録]）をクリックします。

099 2つの文書を比較する

2つの文書を並べて同時にスクロールする

　似たような文書を同時にスクロールして上から順に見比べるには、並べて比較する機能を使うと便利です。2つのウィンドウを同時にスクロールして見比べられます。たとえば、昨年作成したお知らせ文書と今年作成したお知らせ文書を見比べたりできます。

❶ 比較する2つの文書をあらかじめ開いておきます。

❷ [表示] タブの [並べて比較] をクリックします。

MEMO　メッセージが表示されたら

3つ以上のウィンドウが開いているときは、どのウィンドウの文書を並べて比較するかを選択する画面が表示されます。比較する文書を選択します。

❸ 文書が並んで表示されます。

❹ どちらかのウィンドウをスクロールすると、もう一方のウィンドウも同時にスクロールされます。

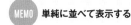

❺ [同時にスクロール] をクリックしてオフにすると、個別にスクロールできます。

MEMO　単純に並べて表示する

複数のウィンドウを上下に並べて単純に表示する場合は、[表示] タブの [整列] をクリックします。

2つの文書を比較して異なる点を表示する

1つの文書を複数の人で編集するには、変更履歴を残す機能を利用すると便利です（246ページ参照）。変更履歴の機能を使わなかった場合、元の文書と変更後の文書を見比べて異なる点を表示するには、文書を比較する機能を使う方法があります。

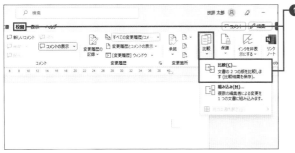

❶ [校閲] タブの [比較] をクリックし、[比較] をクリックします。

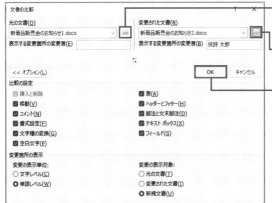

❷ ここをクリックして変更前の文書を選択します。

❸ ここをクリックして変更後の文書を選択します。

❹ [OK] をクリックします。

MEMO　詳細の設定

[オプション] をクリックすると、比較する内容の詳細を指定できます。また、変更箇所の表示方法などを指定できます。

❺ 比較結果と元の文書、変更された文書を確認できます。元の文章や変更後の文書の表示方法は、手順❶の画面の [元の文書を表示] から指定できます。

MEMO　比較結果を確認する

比較結果のファイルは、保存できます。また、比較した結果、どこが異なるのかは、変更履歴で確認できます。

100 気になる箇所に マーカーを引く

蛍光ペンで印を付ける

　気になる箇所に印を付けるには、蛍光ペンで文字をなぞって色を付けましょう。蛍光ペンは、検索対象にもなります。検索をするには、238ページのCOLUMNの方法で検索画面を表示します。[検索する文字列]をクリックし、検索オプションの下の検索の[書式]をクリックして[蛍光ペン]をクリックして検索を行います。このとき、[検索する文字列]は空欄のままで構いません。

❶ [ホーム]タブの[蛍光ペンの色]の[▼]をクリックし、色（ここでは、「水色」）を選択します。

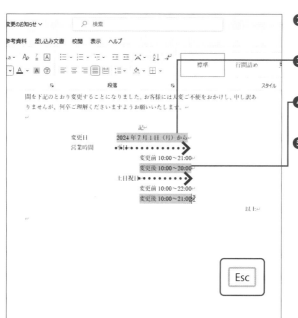

❷ マウスポインターの形が変わります。

❸ 気になる箇所をドラッグします。

❹ 続いて、気になる箇所をドラッグします。

❺ [Esc]キーを押すと、蛍光ペンを引くモードが解除されます。

MEMO 蛍光ペンを表示する

[Wordのオプション]ダイアログボックス（318ページ参照）の[表示]メニューの[蛍光ペンを表示する]のチェックをオフにすると、蛍光ペンの印が非表示になります。印刷した場合も表示されません。

101

文書の冒頭と末尾の内容を同時に確認する

ウィンドウを分割して文書を表示する

　同じ文書の冒頭と末尾の離れたページの内容を見比べたい場合、画面をスクロールするだけでは、同時に確認することができません。表示方法はいくつかあります。ここでは、文書ウィンドウを分割する方法を紹介します。同じ文書を複数のウィンドウで開き、それぞれ見たいページを表示する方法もあります。

❶ [表示] タブの [分割] をクリックします。

❷ 文書ウィンドウが分割されます。

❸ 右に表示されるスクロールバーを使用して見たいページをそれぞれ指定します。

--- COLUMN ---

新しいウィンドウで開く

同じ文書を別のウィンドウで開くには、[表示] タブの [新しいウィンドウを開く] をクリックします。すると、同じ文書が新しいウィンドウで開き、タイトルバーに「ファイル名2」のように表示されます。ウィンドウを並べると文書内の異なるページなどを同時に確認できます。

第8章　ミスを事前に防ぐ！　文書校正効率UPテクニック

251

102

文書の一部のみ
編集できるようにする

文書に編集制限をかける

ほかの人に文書を編集してもらうとき、編集できる機能や範囲に制限をかけることができます。この機能を使うと、編集可能な箇所以外を間違って書き換えてしまったりするのを防げます。保護を解除するためのパスワードも設定できます。

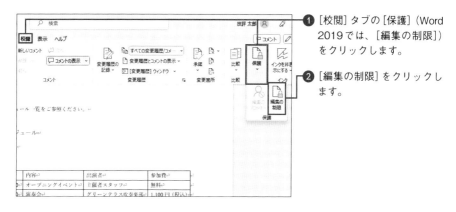

❶ [校閲] タブの [保護] (Word 2019では、[編集の制限])をクリックします。

❷ [編集の制限] をクリックします。

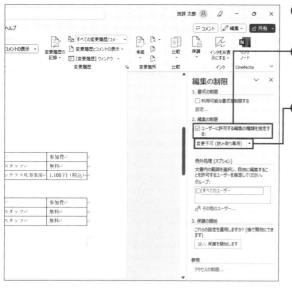

❸ [編集の制限] ウィンドウが表示されます。

❹ [2.編集の制限] の [ユーザーに許可する編集の種類を指定する] をクリックします。

❺ ここでは、許可する操作として [変更不可(読み取り専用)] を選択します。

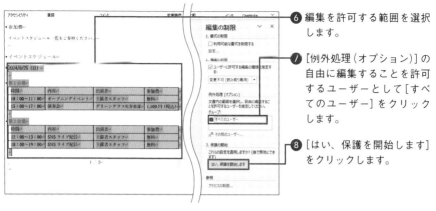

6 編集を許可する範囲を選択します。

7 [例外処理（オプション）]の自由に編集することを許可するユーザーとして[すべてのユーザー]をクリックします。

8 [はい、保護を開始します]をクリックします。

9 編集許可を解除するためのパスワードを設定し、

10 [OK]をクリックします。なお、表示される画面は、お使いのWordによって若干異なる場合があります。

11 編集が可能な場所に印が付きます。

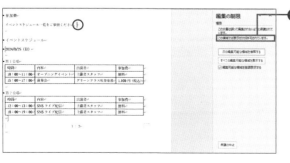

12 編集を制限している箇所を編集しようとすると、メッセージが表示されます。

103 文書内の単語の意味を調べる

わからない単語を調べる

　文書中にわからない単語や詳しく知りたい専門単語があった場合、わざわざブラウザーを起動して検索する必要はありません。検索キーワードを入力しなくても、Wordのスマート検索の機能を使って検索の手がかりをつかめます。

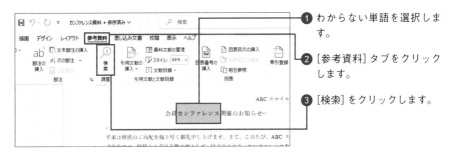

① わからない単語を選択します。

② [参考資料] タブをクリックします。

③ [検索] をクリックします。

④ [検索] ウィンドウが表示されます。

⑤ 見たい項目をクリックするか、[その他のWebの結果を表示] をクリックします。

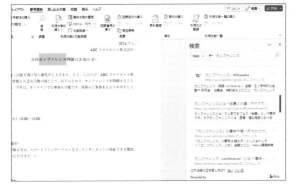

⑥ 見たい項目をクリックすると、ブラウザーが起動して内容が表示されます。

MEMO 翻訳する

言葉を選択して、[校閲] タブの [翻訳] をクリックして、[選択範囲の翻訳] をクリックすると、選択した言葉を翻訳できます。翻訳元の言語や翻訳先の言語を選択します。

104

行頭に「ッ」「ょ」などが表示されないようにする

行の先頭に特定の文字がこないようにする

Wordで文章を入力すると、行頭や行末にあると読みづらい記号などの位置が調整されます。この機能を禁則処理と言います。「ッ」や「ょ」の文字などが行頭にこないようにするには、禁則処理を行うときの禁則文字のチェックの設定を高レベルに変更します。

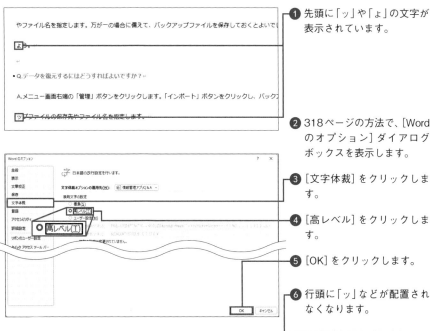

❶ 先頭に「ッ」や「ょ」の文字が表示されています。

❷ 318ページの方法で、[Wordのオプション] ダイアログボックスを表示します。

❸ [文字体裁] をクリックします。

❹ [高レベル] をクリックします。

❺ [OK] をクリックします。

❻ 行頭に「ッ」などが配置されなくなります。

> **MEMO　禁則処理が行われない**
>
> 段落の書式を設定する [段落] ダイアログボックスの [体裁] タブでは、禁則処理を行うか指定できます。禁則処理を行うときに、行末や行頭にならないようにする文字を禁則文字と言います。通常は、「)」「々」などは行頭に、「(」や「¥」などは行末に配置されないようになっています。

255

105 タブやリボンを隠して 全画面で文書を確認する

フォーカスモードに切り替える

　完成した文書を画面上で間違いがないか確認するとき、タブやリボンなどを隠してシンプルな画面で見やすく表示するには、フォーカスモードに切り替えるとよいでしょう。全画面で文書全体を確認できます。なお、フォーカスモードは、Word 2021やMicrosoft 365のWordを使用している場合に表示できます。

❶ [表示] タブの [フォーカス] をクリックします。

❷ フォーカスモードで表示されます。

❸ 画面上部の「…」をクリックします。

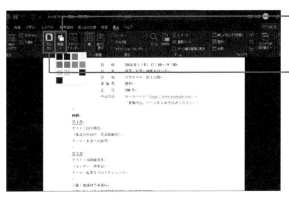

❹ タブやリボンが表示されます。[表示] タブの [背景] で背景の色を選択できます。

❺ [フォーカス] をクリックすると、元の画面に戻ります。

> **MEMO　その他の表示モード**
>
> Wordには、複数の表示モードがあります（320ページ参照）。操作の内容によって使い分けます。

106

行ごとにフォーカスを当てて文書を確認する

イマーシブリーダーを使用する

文書の内容に間違いがないか、1行ずつ丁寧に確認したい場合は、イマーシブリーダーの機能を利用する方法があります。数行にフォーカスを当てた状態で読み上げ機能を利用して内容を確認できます。読み上げ機能を使う場合、スピーカーが必要です。

❶ 内容を確認する先頭をクリックしておきます。

❷ [表示] タブをクリックします。

❸ [イマーシブリーダー] をクリックします。

❹ [行フォーカス] をクリックし、何行分フォーカスを当てるかを選びクリックします。ここでは、[3行] を選択します。

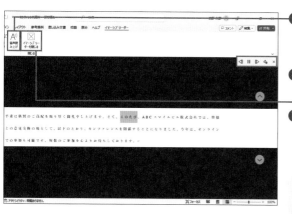

❺ [音声読み上げ] をクリックすると、読み上げが始まります。

❻ 読み上げに合わせて文字が選択されます。

❼ 元の画面に戻るには、[イマーシブリーダーを閉じる] をクリックします。

> **MEMO** ツールバーが表示される
>
> 読み上げ機能を実行すると、画面右上に短いツールバーが表示されます。

複数の人で文書を利用するときは

1つの文書を複数の人で利用する場合は、文書の内容を誰かに勝手に書き換えられてしまうなどの心配があります。Wordには、文書を保護したり複数の人で利用したりするときに知っておくと便利な機能があります。それらの機能を使い分けたり併用したりして活用しましょう。

なお、文書を共有するには、インターネット上のOneDriveという保存スペースに保存して共有する方法もあります（314ページ参照）。その場合は、共有相手や共有方法などを指定できます。

文書を共有するとき利用したい機能

場面	こんなときは？	利用したい機能
文書の使用中は・・・	文書を開ける人を限定したい。	読み取りパスワードを設定します（301ページ参照）。
	文書を書き換えられる人を限定したい。	書き込みパスワードを設定します（302ページ参照）。
文書の編集中は・・・	付箋を付けるようにメモを書きたい。	コメント機能を使います（244ページ参照）。
	複数の人で編集したい。	誰がどこを変更したのか変更履歴を残す機能を使います（246ページ参照）。
	編集できる範囲を指定したい。	編集制限を設定します（252ページ参照）。
文書が完成したら・・・	特に指定しない場合は、読み取り専用で開くようにしたい。	文書を最終版にして保存する方法があります（305ページ参照）。また、編集制限を設定する方法もあります（252ページ参照）。
誰かに文書を渡すときは・・・	作成者名などの個人情報を消したい。	プロパティ情報などに個人情報が含まれているか確認する機能を使います（303ページ参照）。
	誰にとってもわかりやすい内容かを確認したい。	アクセシビリティチェックを行う方法があります。下の内容を参照してください。

アクセシビリティとは、作成した資料、商品、サービスなどが、誰にとってもわかりやすいものかを意味するものです。年齢や健康状態、障碍の有無、利用環境の違いなどによって理解しづらい点などがないかを判断する目安になるものです。Wordで作成した資料で、アクセシビリティに対応しているかを確認するには、［校閲］タブの［アクセシビリティチェック］をクリックします。すると、見づらい色の文字がないか、作成した文書をほかのアプリの読み上げ機能などを利用して読んだ場合、意味がわからない図などがないか、などがチェックされます。［アクセシビリティ］作業ウィンドウが表示され、検索結果が表示されます。チェックされた内容を修正することで、アクセシビリティを考慮した文書になります。

第 9 章

イメージ通りに結果を出す！
印刷と差し込み印刷攻略テクニック

107 プリンターの設定を確認する

Wordの印刷画面でプリンターを確認する

　Wordの印刷イメージを確認する画面では、使用するプリンターや、用紙のサイズ・向きなどを指定できます。プリンターによって、印刷できる用紙のサイズや設定可能な余白位置などは異なります。事前に用紙のサイズや向き、余白位置などを指定しましょう。

ここをクリックして、使用するプリンターを選択します。

　［プリンターのプロパティ］をクリックすると、プリンター側の印刷の設定画面が表示されます。

　［ページ設定］をクリックすると、印刷時の詳細の設定を指定できます（115ページ参照）。

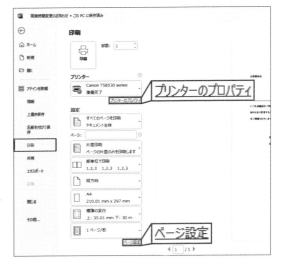

プリンターのプロパティ

ページ設定

主な印刷設定

設定項目	内容
プリンター	選択されているプリンターが表示されます。右側の［▼］をクリックして使用するプリンターを選択できます。
すべてのページを印刷	印刷する部分を指定できます（267 ページ参照）。
片面印刷	ページの片面を印刷するか両面印刷をするか選択できます。両面印刷の場合は、用紙の長辺を綴じるか短辺を綴じるかを選択します。設定によって用紙を横にめくるか上にめくるかが変わります。なお、両面印刷非対応のプリンターでは、両面印刷はできません。ただし、「手動で両面印刷」を選択し、用紙を手動で裏返して印刷できる場合もあります。 なお、最近のプリンターでは、環境に配慮して紙を無駄にすることがないように、両面印刷が既定値になっている場合があります。設定内容については、お使いのプリンターをご確認ください。
部単位で印刷	印刷する単位を指定します（263 ページ参照）。
縦方向	用紙の向きを指定します（115 ページ参照）。
A4	用紙のサイズを指定します（114 ページ参照）。
標準の余白	余白の位置を指定します（116 ページ参照）。
1 ページ / 数	1 ページに印刷するページを指定します（265 ページ参照）。

プリンター側の印刷設定画面

　印刷イメージのプリンター名の下の［プリンターのプロパティ］をクリックすると、プリンター側の設定画面が表示されます。この画面は、Wordの設定画面ではなく、使用しているプリンターの設定画面です。プリンターによって大きく異なります。

　また、プリンターによっては、プリンターの設定画面でよく使うお気に入りの印刷設定を登録して利用できるものもあります。設定内容などは、お使いのプリンターの取扱説明書などを確認してください。

Canonのプリンターのプロパティ例

EPSONのプリンターのプロパティ例

108 印刷イメージを確認する

印刷イメージの表示画面に切り替える

　文書を完成させて印刷をする前には、失敗がないように、事前に印刷イメージを確認しましょう。ページ全体を表示して余白やヘッダーやフッターの表示内容やレイアウトなどを確認します。複数ページにわたる文書を印刷するときは、ページを切り替えて確認します。

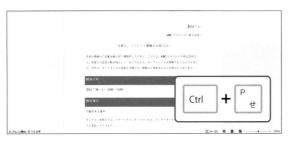

❶ 印刷する文書を開いた状態で Ctrl + P キーを押します。

> **MEMO** **Backstage ビューの表示**
>
> Backstageビューの［印刷］をクリックしても、印刷イメージを確認できます。

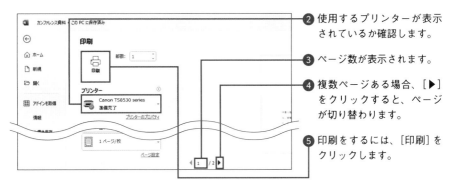

❷ 使用するプリンターが表示されているか確認します。

❸ ページ数が表示されます。

❹ 複数ページある場合、［▶］をクリックすると、ページが切り替わります。

❺ 印刷をするには、［印刷］をクリックします。

COLUMN

クイックアクセスツールバーにボタンを表示する

クイックアクセスツールバーに印刷イメージに切り替えるボタンを表示するには、クイックアクセスツールバーの横のボタンをクリックして［印刷プレビューと印刷］をクリックします。

109 ページ単位や部単位で印刷する

複数ページの文書の印刷順を指定する

3ページにわたる文書を10部印刷するときは、一般的に部単位で、「1～3」ページのセットが10部印刷されます。印刷物を机に並べて必要なページだけを持って行ってもらう場合など、「1」「2」「3」をそれぞれ10枚印刷する場合は、ページ単位で印刷します。

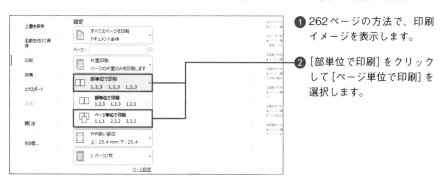

❶ 262ページの方法で、印刷イメージを表示します。

❷ [部単位で印刷] をクリックして [ページ単位で印刷] を選択します。

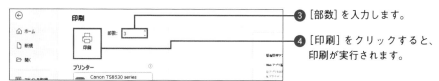

❸ [部数] を入力します。

❹ [印刷] をクリックすると、印刷が実行されます。

第9章 イメージ通りに結果を出す！ 印刷と差し込み印刷攻略テクニック

COLUMN

最終ページから印刷する

複数ページにわたるページを印刷すると、一般的には、先頭ページから順に印刷されます。印刷する順番を逆にするには、[Wordのオプション] ダイアログボックス (318ページ参照) の [詳細設定] の [ページの印刷順序を逆にする] の設定を変更します。思うように印刷されない場合は、プリンター側の設定も確認しましょう。

110 用紙の中央に印刷する

文書を用紙の高さに対して中央に配置する

　文書の内容が上部に寄っている場合、余白や文字の行間などでバランスを整える方法もありますが、表や図などを用紙の真ん中に印刷したい場合は、ページの垂直方向の配置位置を指定する方法があります。

　この方法では、用紙の上下の余白位置などを調整しなくても印刷位置を手早く調整できます。

❶ [レイアウト] タブの [ページ設定] の [ダイアログボックス起動ツール] をクリックします。

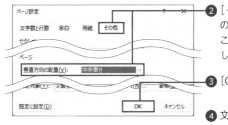

❷ [その他] タブの [垂直方向の配置] を指定します。ここでは、[中央寄せ] を指定します。

❸ [OK] をクリックします。

❹ 文字の配置が変わります。

❺ 文書の印刷イメージを確認します（262ページ参照）。

❻ 必要に応じて印刷を行います。

MEMO 左右の余白

用紙の左右の余白位置を調整するには、116ページ の方法で指定します。

111

1枚に数ページ分
印刷する

用紙1枚に2ページ分印刷する

　用紙を節約して少ない枚数で文書を印刷するには、用紙1枚に複数ページを割り当てたり、両面印刷をしたりする方法があります。これらの設定をプリンター側で行っている場合は、Word側での設定は不要です。最近のプリンターでは、初期設定が両面印刷になっているものもあります。

　なお、プリンターによって設定できる内容は異なります。

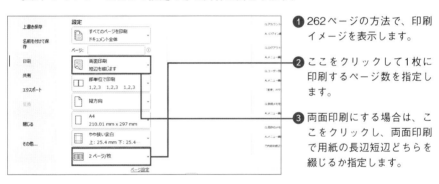

❶ 262ページの方法で、印刷イメージを表示します。

❷ ここをクリックして1枚に印刷するページ数を指定します。

❸ 両面印刷にする場合は、ここをクリックし、両面印刷で用紙の長辺短辺どちらを綴じるか指定します。

COLUMN

本の形式で印刷する

手順❸の画面の［ページ設定］をクリックすると表示される［ページ設定］ダイアログボックスの［余白］タブの［印刷の形式］で「本（縦方向に谷折り）」や「本（縦方向に山折り）」を選択すると、用紙の向きが横になり、1ページに2ページ分が印

刷されます。これを両面（短辺で綴じます）で印刷して、半分に折ってホッチキスで留めると小さな冊子ができます。谷折りと山折りの違いは、左に開くか右に開くかです。印刷されるページの順番は一見バラバラに見えますが、冊子にしたときに1ページ目から並ぶように調整されます。

ただし、1ページに2ページ分が印刷されるので、A4サイズで作成した文書を本の形式で印刷しようとすると、レイアウトが大きく崩れてしまう場合があります。最初に［ページ設定］ダイアログボックスで設定を変更しておきます。プリンターによっては、用紙の設定をA3にしてプリンターの機能でA3のレイアウトを縮小してA4で印刷できる場合もあります。また、プリンター側で、1ページに複数ページを印刷する設定になっていると、うまく印刷できないので注意します。

第9章　イメージ通りに結果を出す！ 印刷と差し込み印刷攻略テクニック

112 印刷前にフィールドを自動的に更新する

印刷時にフィールドを更新する設定にする

　文書に、目次や計算式などのフィールドを追加している場合、印刷時にフィールドが自動的に更新されるようにしておくとよいでしょう。印刷時にフィールドを更新する設定にすると、印刷を実行すると、目次がある場合などは更新方法を選択できます。

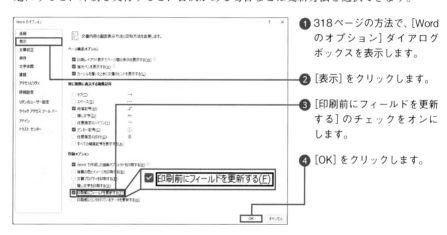

❶ 318ページの方法で、[Wordのオプション] ダイアログボックスを表示します。

❷ [表示] をクリックします。

❸ [印刷前にフィールドを更新する] のチェックをオンにします。

❹ [OK] をクリックします。

COLUMN

フィールド

フィールドとは、文書に追加する命令文です。命令の内容によってさまざまな情報を自動的に表示します。たとえば、今日の日付、脚注、索引、相互参照、ページ番号、目次などはフィールドとして入力されています。フィールドの内容を確認するには、Alt + F9 キーを押します。Alt + F9 キーを押すと、元の表示に戻ります。

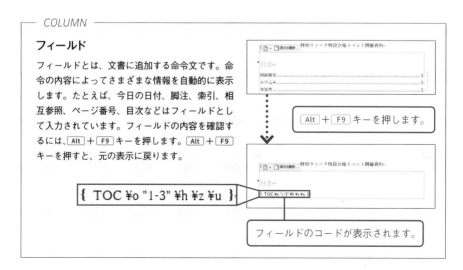

Alt + F9 キーを押します。

{ TOC ¥o "1-3" ¥h ¥z ¥u }

フィールドのコードが表示されます。

113 指定したページのみ 印刷する

印刷するページを指定する

　複数ページにわたる文書を印刷するとき、指定したページや、指定した範囲のページだけを印刷するには、印刷時に指定します。2ページ目と4ページ目だけを印刷するには「2,4」、2ページ目〜4ページ目を印刷するには、「2-4」のように指定します。2ページ目と4ページ目、6ページ目〜8ページ目までを印刷する場合は、「2,4,6-8」のように指定します。また、「p1s1,p3s1」(セクション1のP1とP3)のように指定することもできます。

❶ 262ページの方法で、印刷イメージを表示します。

❷ [ページ]をクリックします。

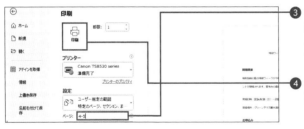

❸ ページを入力すると、印刷対象の指定が変わります。ここでは、「4-5」と入力します。

❹ [印刷]をクリックすると、印刷が実行されます。

--- COLUMN ---

現在のページを印刷

印刷イメージを表示している画面で、[すべてのページを印刷]をクリックすると、印刷する内容などを指定できます。たとえば、[現在のページを印刷]をクリックすると、右に表示されているページだけを印刷できます。

第9章 イメージ通りに結果を出す! 印刷と差し込み印刷攻略テクニック

114 文書の背景の色などを印刷する

ページの色を印刷するか指定する

　ページの背景に色を付けたり（142ページ参照）、背景に画像を指定している場合（ページの背景を選択する画面（142ページ参照）で［塗りつぶし効果］を選択し、［塗りつぶし効果］画面の［図］タブで図を選択する）、文書を印刷すると、通常は、背景の色や画像は印刷されません。印刷する場合は、設定を変更します。なお、ページの背景ではなくて文書に追加した画像は、ここで紹介した設定に関わらず、通常は印刷されます。

　ページの背景の色や画像を印刷すると、印刷に時間がかかったりインクがその分消費されたりします。インクを節約して速く印刷するには、［背景の色とイメージの印刷する］のチェックをオフにしておきましょう。

❶ ［デザイン］タブの［ページの色］からページの色を指定しておきます。

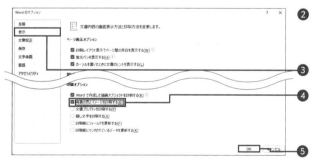

❷ 318ページの方法で、［Wordのオプション］ダイアログボックスを表示します。

❸ ［表示］をクリックします。

❹ ［背景の色とイメージを印刷する］のチェックをオンにします。

❺ ［OK］をクリックします。

❻ 262ページの方法で印刷イメージを表示すると、背景の色が表示されます。

❼ 必要に応じて印刷を行います。

115

透かし文字を入れて 印刷する

「社外秘」などの透かし文字を入れる

用紙に「社外秘」などの透かし文字を入れて印刷するには、[透かし]の設定を行います。透かしの文字は一覧から選択できるほか、自分で入力して指定することもできます。また、透かし文字の代わりに会社のロゴなどの画像を指定することもできます。

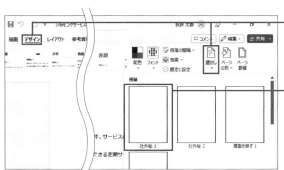

❶ [デザイン]タブの[透かし]をクリックします。

❷ 透かし文字を選びクリックします。ここでは、[社外秘1]を選択します。

❸ 透かし文字が表示されます。

COLUMN

ユーザー設定の透かし

手順❷で[ユーザー設定の透かし]をクリックすると、自分で透かし文字を指定する画面が表示されます。文字の色なども指定できます。[図]をクリックし、[図の選択]をクリックして図を表示することもできます。

116 印刷されない隠し文字を印刷する

通常は見えない隠し文字が印刷されるようにする

文書の中で、画面には表示しておきたいけれど、印刷したときには印字したくない内容は隠し文字として入力する方法があります。通常、隠し文字は印刷されませんが、設定を変更すると印刷できます。そのため、印刷するときによって、その文字を表示するかどうか、場合によって使い分けたい場合も、隠し文字の存在を利用できます。

なお、画面で隠し文字が見えていない場合は、編集記号を表示する設定に変更します（236ページ参照）。

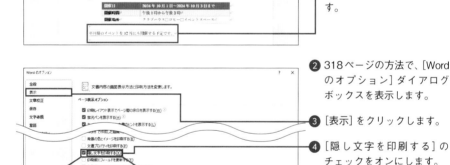

❶ 隠し文字が指定されています。

❷ 318ページの方法で、［Wordのオプション］ダイアログボックスを表示します。

❸ ［表示］をクリックします。

❹ ［隠し文字を印刷する］のチェックをオンにします。

❺ ［OK］をクリックします。

COLUMN

隠し文字を指定する

文書の指定した部分を隠し文字にするには、対象の範囲を選択し、［ホーム］タブの［フォント］グループの［ダイアログボックス起動ツール］をクリックし、［隠し文字］を選択して、［OK］をクリックします。

117 宛先など文書の一部を 差し替えて印刷する

差し込み印刷とは?

案内文の宛名の部分などを自動的に差し替えて印刷する機能のことを、「差し込み印刷」と言います。この機能を利用するとき、用意するのは、印刷する案内文書と宛名部分に表示する宛名をまとめたリストです。ここでは、案内文書を作成するときの注意点と、宛名を差し替えて印刷するときの手順を紹介します。

勘違いをしやすいのですが、差し込み印刷でデータを差し込んでも、文書のページが宛名分だけ増えるわけではありません。差し込み印刷を設定した状態ですべてのデータを印刷すると(279ページ参照)、宛名分の文書を印刷できます。また、宛名の表示を切り替えるには、[差し込み印刷]タブで操作します。

差し込み印刷の手順

手順	内容
❶宛名リストの設定	どの文書に、どの宛名リストのデータを表示するかを設定します。
❷差し込みフィールドの挿入	指定した文書のどこにどの列のデータを表示するか指定します。
❸宛名の編集・選択	宛名リストのデータを編集したり、印刷する宛名を指定したりします。
❹宛名の確認	宛名を差し込んだ状態を確認します。
❺文書の印刷	宛名を差し替えて印刷します。

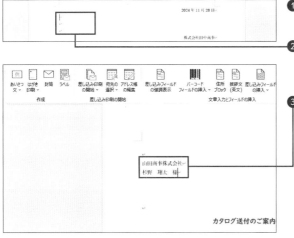

❶ 案内文などの文書を用意しておきます。

❷ 会社名や宛名を表示する部分は改行を入れて空欄にしておきます。

❸ 設定を行うと、次のように宛名を表示できます。

第 9 章 イメージ通りに結果を出す! 印刷と差し込み印刷攻略テクニック

271

118 差し込み印刷用のリストを作成する

Excelでリストを作成する場合

　案内文の宛名部分を差し替えて印刷するには、表示する宛名のリストを用意します。リストには、会社名や姓名などの情報を入力します。Excelで作成した住所録を使うこともできます。Wordで作成することもできます。

❶ Excelを起動し、次のようなリストを作成します。

MEMO　明細データの書式

宛名リストに罫線やセルの塗りつぶしの色などを指定すると、空白でもデータがあるものと認識されることがあります。そのため、宛名リストのデータの行には、書式を設定しないでおきましょう。

❷ リストにデータを入力します。

COLUMN

リストとフィールド名

住所録などの宛名リストの各列のことをフィールドと言います。フィールドの名前をフィールド名と言います。たとえば、顧客リストなどでは、「顧客番号」や「会社名」などがフィールド名です。宛名リストをExcelで作成するときは、1行目にフィールド名を入力し、1件分のデータを1行で入力します。

差し込み印刷を行うときは、どこに、どのフィールドを表示するかをフィールド名で指定します。フィールド名を頼りに、どのようなデータが入力されているのか認識されます。そのため、フィールド名は、わかりやすい名前にしておきます。

Wordでリストを作成する場合

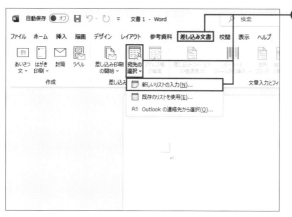

❶ [差し込み文書] タブの [宛先の選択] をクリックして [新しいリストの入力] をクリックします。

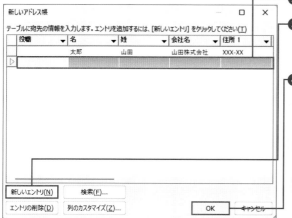

❷ データを入力します。

❸ [新しいエントリ] をクリックすると新しいデータを入力できます。

❹ [OK] をクリックします。

MEMO データ件数が多い場合

Wordでも宛名リストを作成できますが、Excelなどと比べると、入力効率がよいとは言えません。データ件数が多い場合は、Excelなどで宛名リストを作成したほうが扱いやすくて便利です。

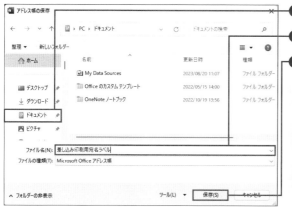

❺ リストの保存先を指定します。

❻ ファイル名を指定します。

❼ [保存] をクリックします。

MEMO リストのファイル形式

Wordで差し込み印刷用の宛名のリストを作成すると、「.mdb」という拡張子の付いたデータベースのファイルとして保存されます。Accessアプリでデータの内容を編集したりもできます。

273

差し込み印刷用のリストを基に印刷する

差し込み印刷の設定をする

差し込み印刷をする文書を開いて、宛名リストのデータを利用できるように宛名リストがどこに保存されているかなどを指定します。ここでは、ウィザード画面を使って設定します。画面から表示される質問に答えていくだけで設定が完了します。手動で設定する方法は、282ページを参照してください。

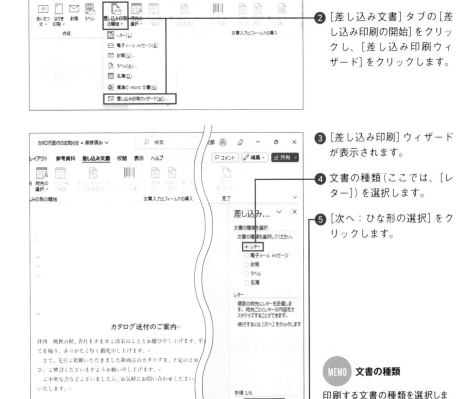

① 差し込み印刷をする文書を開いておきます。

② [差し込み文書] タブの [差し込み印刷の開始] をクリックし、[差し込み印刷ウィザード] をクリックします。

③ [差し込み印刷] ウィザードが表示されます。

④ 文書の種類 (ここでは、[レター]) を選択します。

⑤ [次へ:ひな形の選択] をクリックします。

MEMO 文書の種類

印刷する文書の種類を選択します。案内文などの文書の場合は、「レター」を選びます。

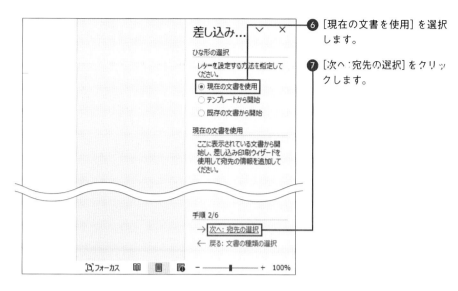

⑥ [現在の文書を使用] を選択します。

⑦ [次へ：宛先の選択] をクリックします。

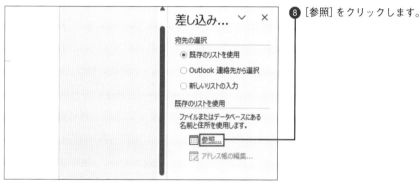

⑧ [参照] をクリックします。

⑨ 宛名リストが保存されている場所を指定します。

⑩ 宛名リスト（本書のサンプルファイルを利用する場合は、「Sec119_Before_顧客リスト」）を選択します。

⑪ [開く] をクリックします。

275

⑫ Excelファイルを指定した場合は、シートを選択します。

⑬ [OK] をクリックします。

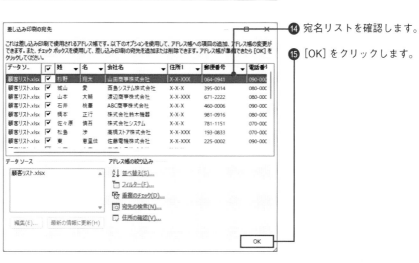

⑭ 宛名リストを確認します。

⑮ [OK] をクリックします。

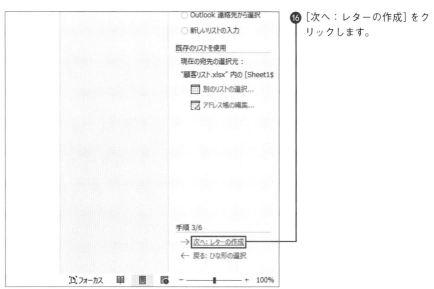

⑯ [次へ：レターの作成] をクリックします。

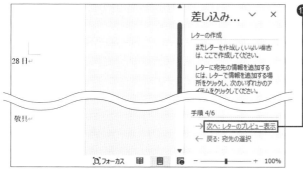

⑰ [次へ：レターのプレビュー表示] をクリックします。

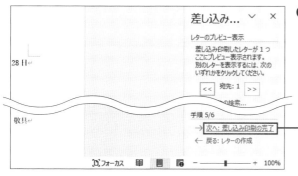

⑱ [次へ：差し込み印刷の完了] をクリックします。

⑲ 差し込み印刷の設定が終わりました。

⑳ [×] をクリックします。

㉑ 続いて、278ページの方法で差し込むフィールドを指定します。

COLUMN

文書を開いたときにメッセージが表示されたら

差し込み印刷の設定をした文書を保存したあとに、その文書を開くと、宛名リストのデータを文書に挿入することを示すメッセージが表示されます。宛名リストのデータを利用する場合は、[はい] をクリックします。

120 文書に差し込む項目を リストから追加する

差し込みフィールドを挿入する

差し込み印刷に使う宛名リストを指定したら、文書のどこにどのフィールドの内容を差し込むかを指定します。差し込みフィールドの指定を終えたら、宛名が実際に表示されるかどうかを見てみましょう。宛名を切り替えて確認します。本書のサンプルファイルを利用する場合は、Section119の操作を行ったあとのファイルを利用します。

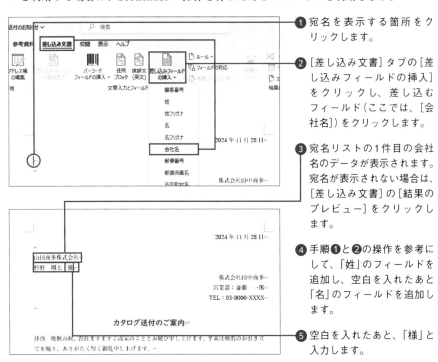

① 宛名を表示する箇所をクリックします。

② [差し込み文書]タブの[差し込みフィールドの挿入]をクリックし、差し込むフィールド(ここでは、[会社名])をクリックします。

③ 宛名リストの1件目の会社名のデータが表示されます。宛名が表示されない場合は、[差し込み文書]の[結果のプレビュー]をクリックします。

④ 手順①と②の操作を参考にして、「姓」のフィールドを追加し、空白を入れたあと「名」のフィールドを追加します。

⑤ 空白を入れたあと、「様」と入力します。

宛名を確認する

① [▶]をクリックします。

2024 年 11 月 28 日↵

西島システム株式会社↵
城田　亜　様↵

株式会社田中商事↵

② 次の宛名が表示されます。

MEMO 宛名を検索する

[差し込み文書] タブの [宛先の検索] をクリックすると、宛名のデータを検索できます。検索したデータを差し込んだ状態で印刷を行うには、下のCOLUMNの方法で印刷画面を表示し、印刷対象を [現在のレコード] にして印刷します。

COLUMN

宛名を差し込んだ文書を印刷する

宛名を差し込んで表示しても、ページ数が増えるわけではありません。ここでは、文書のページ数は1ページです。宛名を差し込んで印刷するには、[差し込み文書] タブの [完了と差し込み] をクリックして [文書の印刷] をクリックします。表示される画面で差し込むデータを選び、[OK] をクリックします。すると、指定したデータ分の文書が印刷されます。宛名が差し込まれた状態の新しい文書を作成したい場合は、次ページを参照してください。

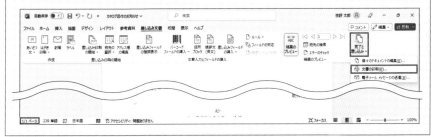

COLUMN

宛名が表示されない場合

差し込み印刷の設定をして差し込みフィールドを追加すると、フィールドという命令文が追加されます。宛名が表示されない場合は、フィールドの表示方法を切り替えます。また、実際の宛名が表示されずにフィールド名が表示されている場合は、[差し込み文書] タブの [結果のプレビュー] をクリックします。また、差し込みフィールドを強調して表示するには、[差し込み文書] タブの [差し込みフィールドの強調表示] をクリックします。

Alt + F9 キーを押して表示を切り替えます。

[差し込み文書] タブの [結果のプレビュー] をクリックします。

121 差し込んだ状態の文書を作成する

宛名を差し込んだ状態の文書を新規に作成する

　差し込み印刷で宛名を表示すると、指定した位置にリストのデータが差し込まれて表示されます。たとえば、1ページの文書に20件分のデータが入ったリストを宛名として指定した場合、ページの数は1ページのままです。この状態で、すべてのデータを対象にして印刷すれば、宛名のみが異なる文書が20ページ分印刷されるしくみです。

　ところで、指定した20件分の宛名が差し込まれた状態の文書を確認したい場合は、次のように操作します。すると、異なる宛名が表示された20ページの新しい文書が作成されます。個々の宛名が表示されたページは、それぞれ編集もできます。新しく作成した文書は、必要に応じて保存して利用します。なお、新しく作成した文書は、差し込み印刷の設定をした元のWordの文書や、宛名リストとの関係はなくなります。

　本書のサンプルファイルを利用する場合は、Section119、120の操作を行ったあとのファイルを利用します。

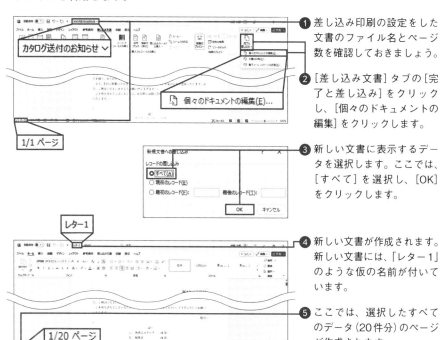

1. 差し込み印刷の設定をした文書のファイル名とページ数を確認しておきましょう。

2. [差し込み文書] タブの [完了と差し込み] をクリックし、[個々のドキュメントの編集] をクリックします。

3. 新しい文書に表示するデータを選択します。ここでは、[すべて] を選択し、[OK] をクリックします。

4. 新しい文書が作成されます。新しい文書には、「レター1」のような仮の名前が付いています。

5. ここでは、選択したすべてのデータ（20件分）のページが作成されます。

122 差し込み印刷用のリストの データを整理する

宛名リストのデータの並び順や抽出条件を指定する

差し込み印刷の宛名リストのデータを整理します。データを並べ替えたり、指定した条件に一致するデータのみを抽出したりしてみましょう。たとえば、東京都に住んでいる人にのみ案内文を送る場合などは、データを抽出してから印刷します。

本書のサンプルファイルを利用する場合は、Section119、120の操作を行ったあとのファイルを利用します。

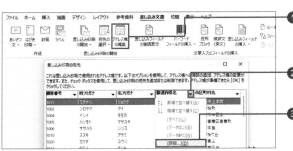

❶ [差し込み文書]タブの[アドレス帳の編集]をクリックします。

❷ データを抽出するフィールドの[▼]をクリックします。

❸ 抽出条件を選択します。ここでは、[(詳細...)]をクリックします。

MEMO 宛名を選択する

差し込むデータを、自分で選択するには、宛名の前のチェックボックスを使います。オンの場合は選択した状態、オフの場合は選択していない状態です。

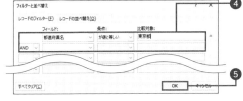

❹ 抽出条件を指定します。ここでは、「都道府県名」が「東京都」という値と等しい条件を指定します。

❺ [OK]をクリックすると、抽出結果を確認できます。

MEMO 複数の条件を指定する

複数の抽出条件を指定するときは、AND条件またはOR条件で指定します。AND条件は複数の条件すべてを満たすデータが抽出されます。一方、OR条件は、複数の条件のいずれか、またはすべてを満たすデータが抽出されます。

123

既存の文書に
リストの項目を差し込む

既存の文書に対して差し込み印刷の設定を行う

274ページでは、差し込み印刷ウィザードを使用して差し込み印刷の設定を紹介しましたが、ここでは、開いている文書に既存の宛名リストを指定して宛名を表示する方法を紹介します。ウィザード画面を使わずに操作します。

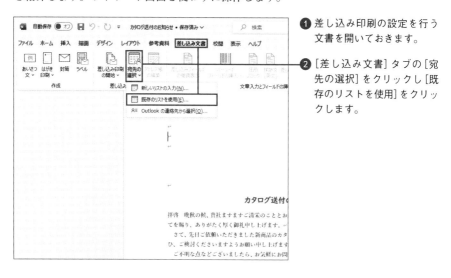

❶ 差し込み印刷の設定を行う文書を開いておきます。

❷ [差し込み文書] タブの [宛先の選択] をクリックし [既存のリストを使用] をクリックします。

❸ 宛名リストのファイルの保存先を指定します。

❹ 宛名リストのファイルをクリックします。

❺ [開く] をクリックします。

6 Excelリストを指定した場合は、シートを選択します。

7 [OK] をクリックします。

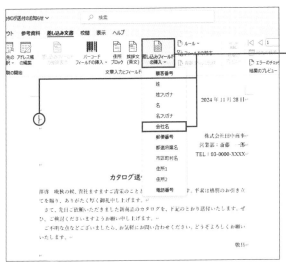

8 差し込み印刷の設定が完了します。

9 宛名を表示する位置を選択し、[差し込み文書] タブの [差し込みフィールドの挿入] をクリックし、差し込むフィールド(ここでは、[会社名]) をクリックして、[挿入] をクリックします。

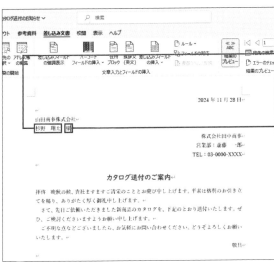

10 宛名リストの1件目の会社名のデータが表示されます。

11 手順**9**の操作を行い「姓」のフィールドと空白、「名」のフィールドを追加します。

12 空白を入れたあと「様」と入力します。

MEMO **結果が表示されない場合**

宛名が表示されない場合は、[差し込み文書] タブの [結果のプレビュー] をクリックします。

124 差出人のラベルを印刷する

宛名ラベルシールに同じ宛名を表示する

　宛名ラベルのシールに、差出人用などの同じ宛名を複数枚印刷するときは、差し込み印刷の機能は使わずにかんたんにラベルを作成できます。宛名リストを利用して、宛名ラベルに異なる宛名を1枚ずつ印刷する方法は、286ページで紹介しています。

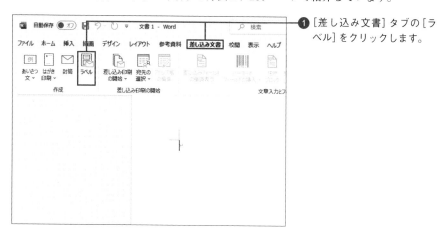

❶ [差し込み文書] タブの [ラベル] をクリックします。

❷ [オプション] をクリックします。

284

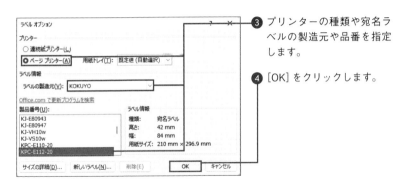

❸ プリンターの種類や宛名ラベルの製造元や品番を指定します。

❹ [OK] をクリックします。

❺ ラベルに印刷する内容を指定します。

❻ [新規文書] をクリックします。

❼ 宛名ラベルが表示されます。

❽ 必要に応じて、262ページの方法で印刷を行います。

125 宛名ラベルに宛名を印刷する

宛名ラベルに宛名を表示する

宛名ラベルのシールに、宛名リストにある宛名を1枚ずつ印刷するときは、差し込み印刷の設定を行います。ラベルのどこにどの項目を表示するかを指定して、複数ラベルに反映させます。

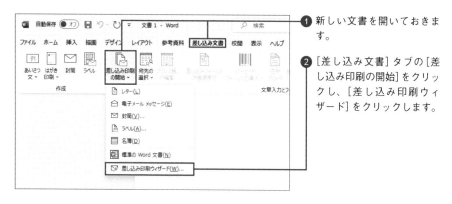

① 新しい文書を開いておきます。

② [差し込み文書] タブの [差し込み印刷の開始] をクリックし、[差し込み印刷ウィザード] をクリックします。

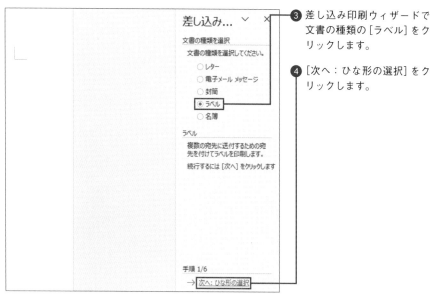

③ 差し込み印刷ウィザードで文書の種類の [ラベル] をクリックします。

④ [次へ：ひな形の選択] をクリックします。

5 [ラベルオプション] をクリックします。

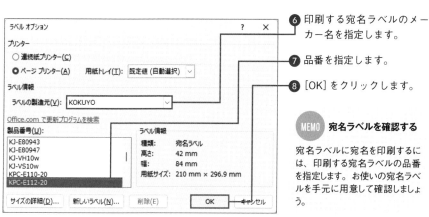

6 印刷する宛名ラベルのメーカー名を指定します。

7 品番を指定します。

8 [OK] をクリックします。

MEMO 宛名ラベルを確認する

宛名ラベルに宛名を印刷するには、印刷する宛名ラベルの品番を指定します。お使いの宛名ラベルを手元に用意して確認しましょう。

9 [次へ:宛先の選択] をクリックします。

⑩ 275ページの方法で、宛名リストを指定します。

⑪ [次へ：ラベルの配置]をクリックします。

⑫ [次へ：ラベルのプレビュー表示]をクリックします。

MEMO 差し込みフィールドの挿入

[差し込み印刷ウィザード]の[差し込みフィールドの挿入]をクリックすると、どこにどのフィールドを表示するか指定できます。ここでは、ウィザード画面では行わず、あとから差し込みフィールドを設定します。

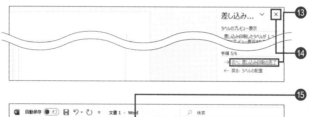

⑬ [次へ：差し込み印刷の完了]をクリックします。

⑭ [×]をクリックします。

⑮ 郵便番号を表示する箇所に文字カーソルを移動します。

⑯ [差し込み文書]タブの[差し込みフィールドの挿入]をクリックして表示するフィールド(ここでは、[郵便番号])をクリックします。

MEMO 文字カーソルの移動

宛名ラベルのどこにどのフィールドのデータを表示するか指定します。データを表示する箇所に文字カーソルを移動して指定します。ラベル内でタブ位置まで文字カーソルを移動する場合は、[Ctrl]+[Tab]キーを押します。空白などを入力して文字カーソルを移動しても構いません。

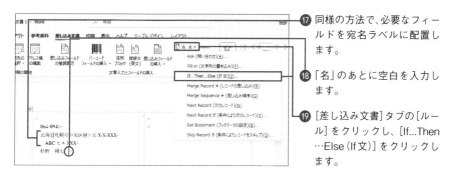

⑰ 同様の方法で、必要なフィールドを宛名ラベルに配置します。

⑱ 「名」のあとに空白を入力します。

⑲ [差し込み文書] タブの [ルール] をクリックし、[If...Then...Else (If文)] をクリックします。

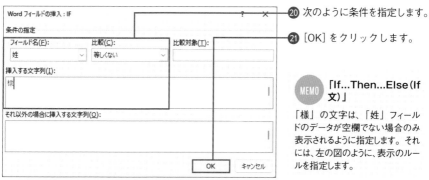

⑳ 次のように条件を指定します。

㉑ [OK] をクリックします。

MEMO　「If...Then...Else (If文)」

「様」の文字は、「姓」フィールドのデータが空欄でない場合のみ表示されるように指定します。それには、左の図のように、表示のルールを指定します。

㉒ [差し込み文書] タブの [複数ラベルに反映] をクリックします。

㉓ ほかの宛名が表示されます。

MEMO　印刷する

宛名を印刷する方法は、279ページを参照してください。特定の宛名を印刷するには、281ページを参照して宛名を抽出して印刷します。

126

封筒に宛名を印刷する

封筒に宛名を表示する

　封筒に宛名を表示するには、宛名ラベルに印刷する方法が手軽です（286ページ参照）。お使いのプリンターが、印刷をする封筒サイズに対応している場合は、封筒に直接印刷することもできます。印刷する封筒を手元に用意して設定します。

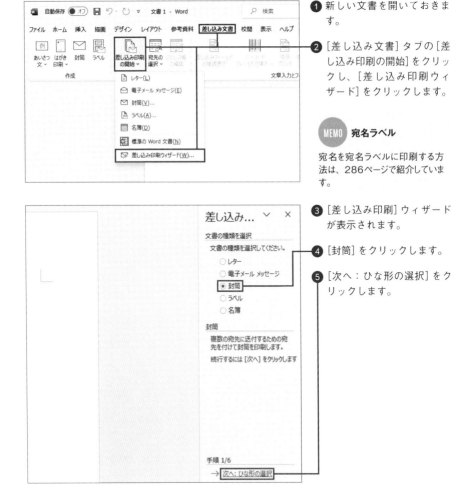

1 新しい文書を開いておきます。

2 ［差し込み文書］タブの［差し込み印刷の開始］をクリックし、［差し込み印刷ウィザード］をクリックします。

MEMO 宛名ラベル

宛名を宛名ラベルに印刷する方法は、286ページで紹介しています。

3 ［差し込み印刷］ウィザードが表示されます。

4 ［封筒］をクリックします。

5 ［次へ：ひな形の選択］をクリックします。

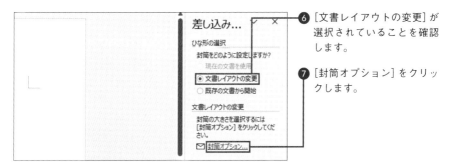

6 [文書レイアウトの変更] が選択されていることを確認します。

7 [封筒オプション] をクリックします。

8 [封筒オプション] タブで封筒の大きさを指定します。

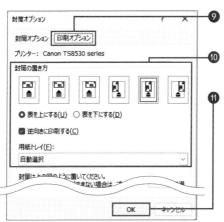

9 [印刷オプション] をクリックします。

10 [封筒の置き方] や [用紙トレイ] を指定します。

11 [OK] をクリックします。

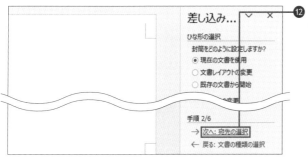

12 [次へ:宛先の選択] をクリックします。

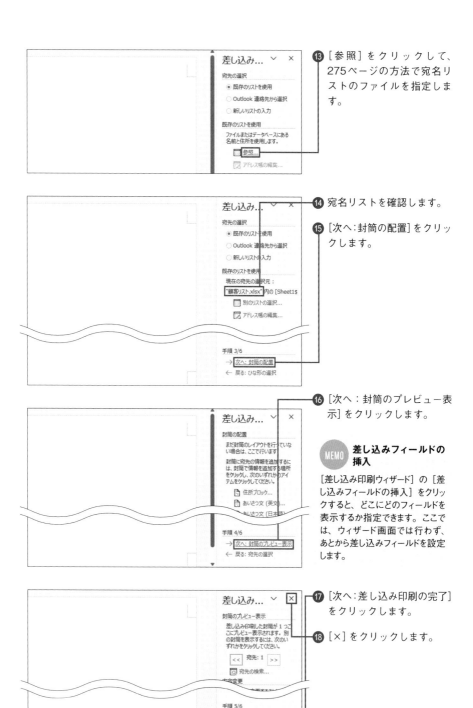

⑬ [参照] をクリックして、275ページの方法で宛名リストのファイルを指定します。

⑭ 宛名リストを確認します。

⑮ [次へ：封筒の配置] をクリックします。

⑯ [次へ：封筒のプレビュー表示] をクリックします。

MEMO 差し込みフィールドの挿入

[差し込み印刷ウィザード] の [差し込みフィールドの挿入] をクリックすると、どこにどのフィールドを表示するか指定できます。ここでは、ウィザード画面では行わず、あとから差し込みフィールドを設定します。

⑰ [次へ：差し込み印刷の完了] をクリックします。

⑱ [×] をクリックします。

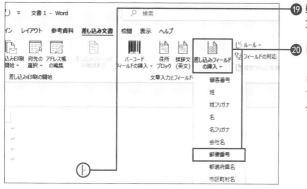

⑲ 郵便番号を表示する箇所に文字カーソルを移動します。

⑳ [差し込み文書] タブの [差し込みフィールドの挿入] をクリックして表示するフィールドをクリックします。

064-0941↵
北海道札幌市中央区旭ヶ丘 X-X-XXX↵
ABC ビル XXX↵
杉野 翔太 様

㉑ 同様に、どこにどのフィールドを印刷するのか指定します。

㉒ 宛名の敬称の「様」は、「If...Then...Else (If文)」を入力して指定します (289ページの手順⑲〜㉑を参照)。

MEMO 文字カーソルの移動

封筒のどこにどのフィールドのデータを表示するか指定します。データを表示する箇所に文字カーソルを移動して指定します。ここでは、[Enter] キーや [Tab] キーを押して文字カーソルを移動しています (95ページのMEMO参照)。空白などを入力して調整しても構いません。

MEMO 「If...Then...Else (If文)」

「様」の文字は、「姓」フィールドのデータが空欄でない場合のみ表示されるように指定します。それには、「様」を表示する前をクリックし、289ページの方法で、表示のルールを指定します。

― COLUMN ―

印刷を実行する

封筒に宛名を印刷するには、279ページのように印刷画面を表示して印刷します。画面に表示している宛名だけを印刷したりする方法は、279ページのMEMOを参照してください。なお、印刷前には、プリンターのプロパティ画面で用紙サイズや用紙の種類などを指定します。印刷する封筒のサイズを指定しましょう。表示される設定画面はプリンターによって異なります。

Windows11でプリンターの設定を確認する

文書を印刷するには、プリンターを設定しておく必要があります。お使いのプリンターの取扱説明書などを確認して事前に準備しておきましょう。

Windows11の設定画面でプリンターの設定を確認するには、[スタート]ボタンをクリックして[設定]をクリックします。設定画面で[Bluetoothとデバイス]、[プリンターとスキャナー]の順にクリックし、使用しているプリンターをクリックします。[プリンターのプロパティ]をクリックすると、プリンター名や共有の設定などを確認できます。[印刷設定]をクリックすると、プリンター側の印刷設定画面が開き、用紙サイズや印刷品質など、実際に印刷をするときのさまざまな設定を行えます。プリンターのプロパティ画面や印刷設定の内容は、お使いのプリンターによって異なります。

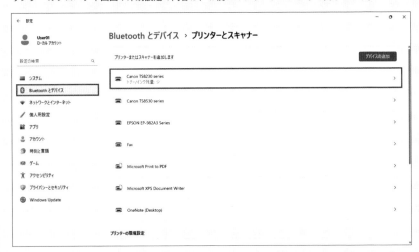

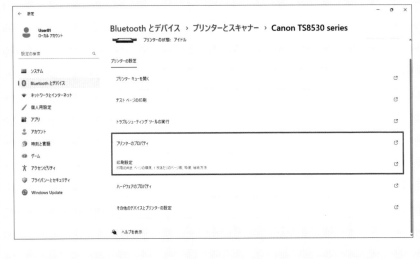

10

これで安心！ ファイル操作
実用テクニック

127

1度も保存せずに 閉じてしまった文書を開く

保存していない文書の回復を試す

　ファイルを1度も保存せずにうっかり閉じてしまった。そんなとき、最後に自動回復されたバージョンを残す設定にしている場合、ファイルを復元できる可能性があります。次の方法で、ファイルが保存されていないかどうか確認してみましょう。

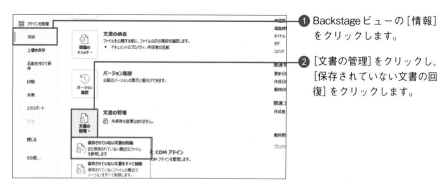

❶ Backstage ビューの [情報] をクリックします。

❷ [文書の管理] をクリックし、[保存されていない文書の回復] をクリックします。

❸ 文書の更新日時などを見て保存せずに閉じた文書が見つかればクリックします。

❹ [開く] をクリックします。

❺ ファイルが開いたら、名前を付けて保存します。

COLUMN

自動回復用のファイルの保存

文書を保存せずに閉じてしまった場合の動作は、[Wordのオプション] ダイアログボックス (318ページ参照) で設定できます。[保存しないで終了する場合、最後に自動回復されたバージョンを残す] 設定がオンになっているか (297ページ参照)、設定を確認しておきましょう。

128

上書き保存せずに 閉じてしまった文書を開く

上書き保存していない文書の回復を試す

　文書を上書き保存せずに間違って閉じてしまった場合、自動回復用ファイルを指定した間隔で保存する設定にしている場合、ファイルを復元できる可能性があります。上書き保存を忘れて閉じてしまったファイルを開いてから、次の方法を試してみましょう。

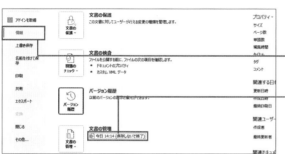

❶ 上書き保存せずに閉じてしまったファイルを開きます。

❷ Backstageビューの[情報]をクリックします。

❸ [文書の管理]に、[保存しないで終了]の文書があればクリックします。

❹ 文書が開きます。

❺ 文書の内容を確認し、[名前を付けて保存](または[復元])をクリックして文書を保存します。

第10章　これで安心！　ファイル操作実用テクニック

COLUMN

自動回復用のファイルの保存

自動回復用ファイルに関する設定は、[Wordのオプション]ダイアログボックス（318ページ参照）で行えます。設定を確認しておきましょう。なお、自動回復データは、必ず保存されるものではありません。ファイルを編集時は、頻繁に上書き保存を行うことが重要です。

297

129 テンプレートを利用して 新しい文書を作成する

既存のテンプレートを使って文書を作成する

テンプレートとは、目的別に作成された文書の原本のようなものです。ファイルを新規に作成するときに、テンプレートを選択すると、選択したテンプレートを元に作成された新しい文書が表示されます。文書に必要事項を入力して保存すると、原本とは別のファイルとして保存されます。

ここでは、あらかじめ用意されているテンプレートを使用してみましょう。

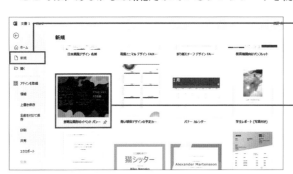

❶ Backstage ビューの [新規] をクリックします。

❷ テンプレートの一覧が表示されます。

❸ 使用したいテンプレートをクリックします。ここでは、[鮮明な図形のイベント パンフレット] をクリックします。

❹ [作成] をクリックします。

❺ テンプレートを元にした新しい文書が表示されます。

> **MEMO ファイルの保存**
>
> テンプレートを元にファイルを作成すると、テンプレートのコピーが作成されます。内容を入力して上書き保存しようとすると、名前を付けて保存する画面が表示されます。原本とは別のファイルとして保存します。

130

独自のテンプレートを
作成する

文書作成の原本となるテンプレートを作成する

　「申請書」や「資料送付のお知らせ」などの文書の原本を作るには、最初に、宛先など
の文書によって異なる項目以外を入力しておきます。次に、文書をテンプレートとして
保存します。テンプレートを元に文書を作成すると、ファイルのコピーが作成されます
ので、原本が書き換えられてしまう心配がありません。なお、テンプレートのファイル
自体を開くには、テンプレートの保存先を指定してテンプレートを選択して開きます。

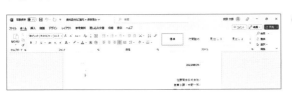

❶ テンプレートとして保存す
る文書を作成します。

❷ Backstage ビューの [名前を
付けて保存] をクリックし、
[参照] をクリックして、名
前を付けて保存する画面を
表示します。

❸ [ファイルの種類] を [Word
テンプレート] にします。

❹ ファイルの保存先が自動的
に指定されます。

❺ [保存] をクリックします。

─ COLUMN ─

テンプレートを利用する

保存したテンプレートを元に文書を作成するには、Backstage ビューの [新規] をクリックし、[個人用]
をクリックしてテンプレートを選択します。すると、テンプレートを元に作成された文書が表示さ
れます。

第 10 章 これで安心！ ファイル操作実用テクニック

299

131 文書をPDFファイルとして保存する

PDF形式のファイルを作成する

文書をPDF形式のファイルとして保存するには、ファイルの保存時にファイル形式を指定します。PDF形式とは、文書を保存するときに一般的に広く使われているファイル形式です。PDFファイルビューワーやブラウザーなどでも開けます。どのような環境でも同じようなイメージで文書を確認できるという利点があります。

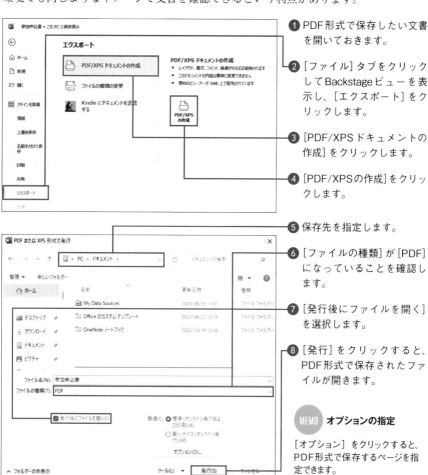

❶ PDF形式で保存したい文書を開いておきます。

❷ [ファイル] タブをクリックしてBackstageビューを表示し、[エクスポート] をクリックします。

❸ [PDF/XPSドキュメントの作成] をクリックします。

❹ [PDF/XPSの作成] をクリックします。

❺ 保存先を指定します。

❻ [ファイルの種類] が [PDF] になっていることを確認します。

❼ [発行後にファイルを開く] を選択します。

❽ [発行] をクリックすると、PDF形式で保存されたファイルが開きます。

MEMO オプションの指定

[オプション] をクリックすると、PDF形式で保存するページを指定できます。

132 文書を開くのに必要な パスワードを設定する

読み取りパスワードを設定する

ほかの人に勝手に見られたくない文書ファイルには、文書ファイルを開くのに必要な
パスワードを設定しておきましょう。パスワードは、大文字と小文字が区別されます。
パスワードを忘れるとファイルを開けなくなってしまうので注意します。

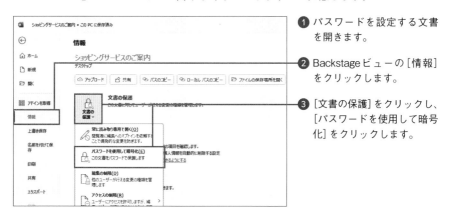

❶ パスワードを設定する文書
を開きます。

❷ Backstageビューの [情報]
をクリックします。

❸ [文書の保護] をクリックし、
[パスワードを使用して暗号
化] をクリックします。

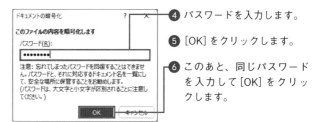

❹ パスワードを入力します。

❺ [OK] をクリックします。

❻ このあと、同じパスワード
を入力して [OK] をクリッ
クします。

第10章 これで安心！ ファイル操作実用テクニック

COLUMN

パスワードを入力する

ここで紹介した方法でパスワードを設定したファイルを開こう
とすると、パスワードの入力が促されます。正しいパスワード
を入力して、[OK] をクリックすると、ファイルが開きます。
パスワードを解除するには、手順❶から❸の操作を行い、表示
される画面でパスワードを削除して、[OK] をクリックします。

パスワード	?	×
パスワードを入力してください。		
C:\¥...¥ショッピングサービスのご案内.docx		
●●●●●●●●		
	OK	キャンセル

133

文書を書き換えるのに 必要なパスワードを設定する

書き込みパスワードを設定する

　文書を勝手に書き換えられてしまうのを防ぐには、文書を編集して上書き保存するのに必要な書き込みパスワードを指定します。勘違いをしやすいのですが、書き込みパスワードだけが設定されているファイルは、誰でも開くことができますので注意してください。パスワードを知らない人はファイルを開けないようにするには、「読み取りパスワード」も設定します。

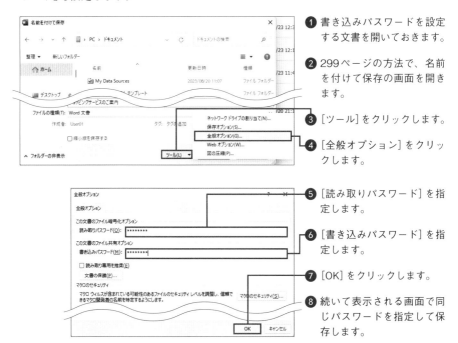

❶ 書き込みパスワードを設定する文書を開いておきます。

❷ 299ページの方法で、名前を付けて保存の画面を開きます。

❸ [ツール]をクリックします。

❹ [全般オプション]をクリックします。

❺ [読み取りパスワード]を指定します。

❻ [書き込みパスワード]を指定します。

❼ [OK]をクリックします。

❽ 続いて表示される画面で同じパスワードを指定して保存します。

COLUMN

書き込みパスワードを入力する

書き込みパスワードを設定したファイルを開こうとすると、書き込みパスワードの入力が促されます。パスワードを入力すると、ファイルを編集して上書き保存ができる状態で開きます。パスワードを解除するには、手順❶から❹の操作を行い、パスワードを削除して、[OK]をクリックします。

134
文書の保存時に個人情報を自動的に削除する

ドキュメント検査を実行する

文書を保存すると、ファイルのプロパティ情報に、作成者名などの個人情報が保存されます。ここでは、ファイルの個人情報などを確認して削除します。

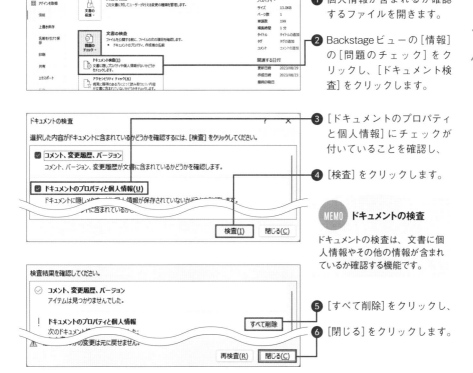

❶ 個人情報が含まれるか確認するファイルを開きます。

❷ Backstageビューの[情報]の[問題のチェック]をクリックし、[ドキュメント検査]をクリックします。

❸ [ドキュメントのプロパティと個人情報]にチェックが付いていることを確認し、

❹ [検査]をクリックします。

> **MEMO　ドキュメントの検査**
>
> ドキュメントの検査は、文書に個人情報やその他の情報が含まれているか確認する機能です。

❺ [すべて削除]をクリックし、

❻ [閉じる]をクリックします。

COLUMN

個人情報が保存されるようにする

上述の操作を行うと、このファイルを保存するときに個人情報などが削除されます。作成者名などの情報をファイルに保存するには、右図の項目をクリックします。

135 文書の既定の保存先を指定する

既定の保存先の場所を指定する

Wordで文書を作成して保存しようとすると、特に指定しない場合、保存先は「ドキュメント」という名前のフォルダーになります。また、インターネット上のファイル保存スペースのOneDriveを使用し、ドキュメントフォルダーを同期している場合は、OneDriveの「ドキュメント」フォルダーが指定されます。

Wordで作成した文書の保存先がほぼ決まっているような場合は、既定の保存先を変更するとよいでしょう。文書の保存時に保存場所を変更する手間が省けます。

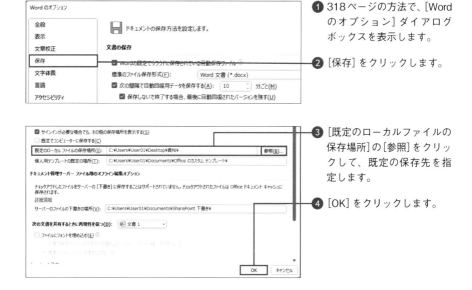

❶ 318ページの方法で、[Word のオプション] ダイアログ ボックスを表示します。

❷ [保存] をクリックします。

❸ [既定のローカルファイルの 保存場所] の [参照] をクリッ クして、既定の保存先を指 定します。

❹ [OK] をクリックします。

COLUMN

既定のファイルの保存先

既定のファイル場所を変更すると、次回、Word を起動した直後などにファイルを保存しようと すると、指定した場所が表示されます。

---

136 文書が編集されないように最終版として保存する

最終版として保存する

文書が完成したら、文書をうっかり書き換えてしまうことがないように最終版として保存する方法があります。最終版をして保存すると、ファイルを開いたときに編集できない状態で開きます。ただし、編集できる状態にかんたんに戻すことができます。

1 最終版として保存する文書を開きます。

2 Backstageビューの[情報]をクリックします。

3 [文書の保護]をクリックし、[最終版にする]をクリックします。

4 続いて表示されるメッセージを確認して[OK]をクリックします。

5 ファイルを上書き保存します。

6 文書が最終版として保存されます。

COLUMN

最終版として保存したファイルを開く

最終版として保存したファイルを開くと、次のようなメッセージが表示されます。編集できる状態にするには、[編集する]をクリックします。最終版として保存する機能は、あくまで、文書が完成していることがわかるようにしてうっかり書き換えてしまうのを防ぐためのものです。ファイルを保護する目的の場合は、パスワードを設定するなどして対応します（301、302ページ参照）。

137 よく使う操作を記録して マクロを作成する

マクロを作成する

　マクロとは、操作を自動化するために作成するプログラムのことです。マクロを作成するには、Wordで自動化したい操作を記録する方法と、VBAというプログラム言語でマクロを一から書く方法があります。ここでは、記録する方法で作成します。表示倍率を変更して、文字カーソルを文末に移動する操作を記録します。

❶ ここでは、サンプル文書のみ開いた状態で操作します。ほかの文書が開いている場合は閉じておきます。文書の先頭を選択した状態から操作します。

❷ 308ページのMEMOの方法で[開発]タブを表示しておきます。

❸ [開発]タブの[マクロの記録]をクリックします。

❹ マクロ名を入力します。

❺ マクロの保存先としてサンプル文書を指定します。

❻ [OK]をクリックします。

 操作の記録

マクロを記録する前にマクロ名やマクロの保存先を指定します。マクロ名の先頭文字に数字を指定することはできません。保存先は、すべての文書から使えるマクロにする場合は[すべての文書]、開いている文書から使えるマクロにする場合は、文書のファイル名を選択します。[OK]をクリックするとマクロの記録が始まります。

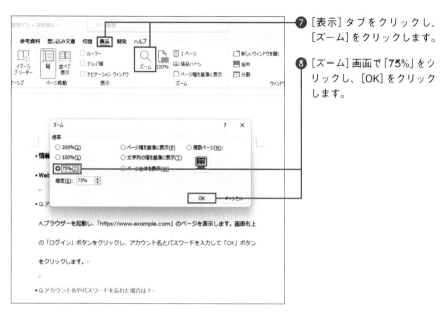

⑦ [表示] タブをクリックし、[ズーム] をクリックします。

⑧ [ズーム] 画面で「75%」をクリックし、[OK] をクリックします。

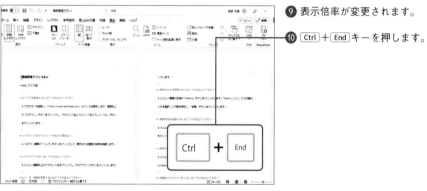

⑨ 表示倍率が変更されます。

⑩ Ctrl + End キーを押します。

⑪ 文字カーソルが文末に移動します。

⑫ [開発] タブの [記録終了] をクリックします。

マクロを確認する

❶ [開発] タブの [マクロ] をク
リックします。

> **MEMO** **[開発] タブ**
>
> [開発] タブには、マクロを作成し
> たり編集したりするときに使うボタ
> ンが表示されます。[開発] タブ
> を表示するには、323ページの
> 手順❶の方法でリボンをカスタマ
> イズする画面を表示し、右側に表
> 示されるタブの一覧の [開発] の
> チェックを付けて、[OK] をクリッ
> クします。

❷ 表示するマクロをクリック
します。

❸ [編集] をクリックします。

❹ VBE が起動してマクロの内
容が表示されます。

⑤ [表示Microsoft Word] をク
リックします。

⑥ Wordの画面に戻ります。な
お、マクロが含まれるファ
イルを保存する方法は、
311ページで紹介していま
す。

— COLUMN —

VBEとVBA

VBE (Visual Basic Editor) は、マクロを作成したり編集したりするのに使うツールです。Wordに付
属しています。VBA (Visual Basic for Applications) は、Wordでマクロを作成するのに使うプログラ
ム言語です。マクロを記録する方法で作成した場合も、記録した内容はVBAに変換されます。なお、
記録したマクロは、[標準モジュール] というマクロを書くシートに保存されます。ここで作成した
マクロの場合は、次のような内容になります。

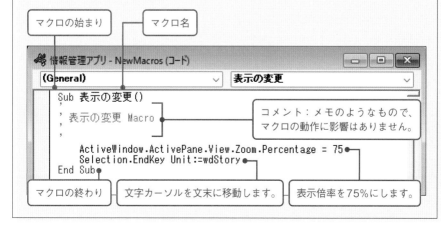

138

記録したマクロを実行する

マクロを実行する

記録したマクロを実行して動作を確認します。ここでは、306ページで作成したマクロを実行します。マクロを実行する前に、余計なウィンドウが開いている場合は閉じておきます。[表示] タブの [100%] をクリックして表示倍率を100%に戻し、文書の先頭にカーソルがある状態で実行しましょう。

❶ [開発] タブの [マクロ] をクリックします。

❷ 実行するマクロをクリックします。

❸ [実行] をクリックします。

❹ マクロが実行されます。ここでは、表示倍率が75%になり、文字カーソルが文末に移動します。

139

マクロが入っている
文書を保存する

マクロ有効文書として保存する

　マクロが含まれる文書は、通常のWordのファイルとして保存することはできません。マクロの内容を保存するときは、「Wordマクロ有効文書」のファイル形式で保存します。通常の形式で保存するとマクロが消えてしまうので注意します。ここでは、306ページページで作成したマクロをWordマクロ有効文書として保存します。

❶ マクロを新規に追加した文書を上書き保存しようとするとメッセージが表示されます。

❷ [いいえ]をクリックします。

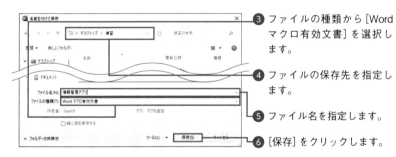

❸ ファイルの種類から[Wordマクロ有効文書]を選択します。

❹ ファイルの保存先を指定します。

❺ ファイル名を指定します。

❻ [保存]をクリックします。

COLUMN

マクロが入った文書を開く

マクロが入った文書を開くと、通常はマクロが無効の状態で開きます。[コンテンツの有効化]をクリックするとマクロを実行できるようになります。次回以降は、マクロが有効の状態でファイルが開きます。なお、マクロのセキュリティに関する内容は、[開発]タブの[マクロのセキュリティ]をクリックすると表示される[トラストセンター]ダイアログボックスで指定できます。ピンク色の「セキュリティリスク」のメッセージバーが表示された場合は、328ページを参照してください。

140

指定した操作をショート カットキーに割り当てる

マクロにショートカットキーを割り当てる

　306ページで作成したマクロを実行するショートカットキーを指定する方法を紹介します。ショートカットキーは、Ctrl や Alt キーなどとほかのキーを組み合わせて指定します。既に割り当て済みの機能がある場合、それを無視してしまうと、元々指定されていた機能のショートカットキーは利用できなくなるので注意します。

　ショートカットキーの設定後は、ショートカットキーでマクロを実行してみましょう。

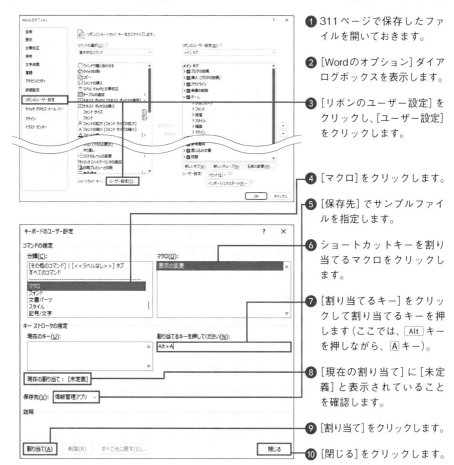

① 311ページで保存したファイルを開いておきます。

② [Wordのオプション] ダイアログボックスを表示します。

③ [リボンのユーザー設定] をクリックし、[ユーザー設定] をクリックします。

④ [マクロ] をクリックします。

⑤ [保存先] でサンプルファイルを指定します。

⑥ ショートカットキーを割り当てるマクロをクリックします。

⑦ [割り当てるキー] をクリックして割り当てるキーを押します (ここでは、Alt キーを押しながら、A キー)。

⑧ [現在の割り当て] に [未定義] と表示されていることを確認します。

⑨ [割り当て] をクリックします。

⑩ [閉じる] をクリックします。

141

OneDriveの
保存スペースを使う

ファイルを保存する

　Officeにサインインすると（316ページ参照）、OneDriveというインターネット上のファイル保存スペースを利用できます。WordからOneDriveにアクセスしてOneDriveにファイルを保存したり、OneDriveに保存したファイルを開いたりできます。

　OneDriveのファイルは、ブラウザーで開くこともできます。それには、ブラウザーでOneDriveのページ（https://onedrive.live.com/about/ja-jp/）を開いてログインし、開くファイルを選択します。

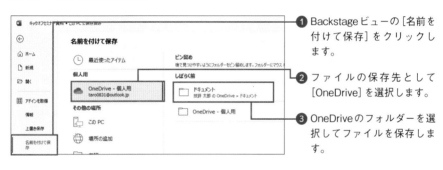

❶ Backstageビューの［名前を付けて保存］をクリックします。

❷ ファイルの保存先として［OneDrive］を選択します。

❸ OneDriveのフォルダーを選択してファイルを保存します。

ファイルを開く

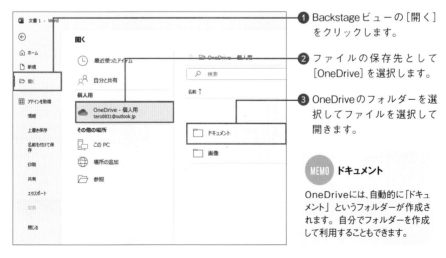

❶ Backstageビューの［開く］をクリックします。

❷ ファイルの保存先として［OneDrive］を選択します。

❸ OneDriveのフォルダーを選択してファイルを選択して開きます。

MEMO ドキュメント

OneDriveには、自動的に「ドキュメント」というフォルダーが作成されます。自分でフォルダーを作成して利用することもできます。

142

文書をほかの人と共有する

OneDriveで共有する

OneDriveのファイルを、ほかの人と共有するには、共有相手を指定して、編集を許可するか表示を許可するのかアクセス権を指定します。ここでは、Wordから共有する方法を紹介します。共有するファイルは、OneDriveに保存しておきます。

❶ OneDriveに保存した共有するファイルを開きます。

❷ [共有]をクリックして[共有]をクリックします。

❸ 共有相手のメールアドレスを入力します。メールアドレスの項目が表示された場合はクリックします。Word 2019では、[共有]作業ウィンドウで指定します。

❹ ここをクリックして、アクセス権を指定します。Word 2019は、[編集可能]の横の[▼]をクリックして指定します。

❺ 必要に応じてメッセージを入力します。

❻ [送信](Word 2019は[共有])をクリックすると、共有相手に自動的にメールが送られます。

MEMO メールが送られる

上述の操作を行うと、共有相手に文書が共有されたことを示すメールが自動的に送信されます。

共有相手側の操作

1. 前のページの方法でファイルを共有すると、共有相手にメールが送信されます。

2. 共有相手には、次のようなメールが届きます。

3. メール本文の［開く］をクリックします。

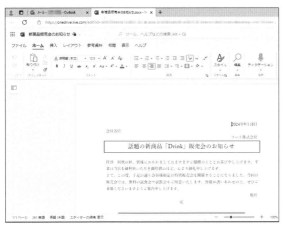

4. 共有された文書がブラウザーで開きます。

COLUMN

OneDriveで確認する

OneDriveのホームページを開き、OneDriveにログインすると、OneDriveに保存されているファイルを確認できます。［共有］をクリックし、［自分が］をクリックすると、共有しているファイルを確認できます。

Officeにサインインする

Microsoftアカウントで Office にサインインすると、Word から OneDrive というインターネット上の
ファイル保存スペースをかんたんに利用できるようになります。

Officeにサインインするには、次のように操作します。既に取得した Microsoft アカウントがある場
合は、そのアカウントでサインインしましょう。Office をインストールした際に指定した Microsoft
アカウントを利用することもできます。また、Microsoft アカウントを取得していない場合は、Web
ページ「https://account.microsoft.com/」から無料で取得できます。

❶ [サインイン] をクリック
します。

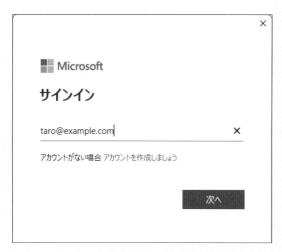

❷ Microsoft アカウントを入
力して画面を進め、画面
の指示に従ってサインイ
ンします。

❸ サインインすると、Micro
soft アカウントの名前が
表示されます。

第 **11** 章

スムーズに作業できる環境に整える！
Word基本設定のテクニック

143

Word全体の設定画面を知る

[Wordのオプション]ダイアログボックスを表示する

Word全体の設定を変更したり、Wordの画面に表示する内容を変更したりするには、[Wordのオプション]ダイアログボックスで指定します。

[Wordのオプション]ダイアログボックスでは、設定を変更して、[OK]をクリックすると、設定が反映されます。[キャンセル]をクリックすると、設定を反映せずに[Wordのオプション]ダイアログボックスが閉じます。

❶ [ファイル]タブをクリックします。

❷ ファイルを開いたり保存したりするなど、基本操作を行うBackstageビューという画面が表示されます。

❸ [その他]をクリックし、[オプション]をクリックします。なお、左のメニューにオプションが表示されている場合は、[オプション]をクリックします。

❹ [Wordのオプション]ダイアログボックスが表示されます。

❺ ここでは、[×]をクリックして画面を閉じます。

318

Wordの種類とバージョンについて

　Wordには、いくつかの種類があります。多くの場合、Microsoft Officeというパッケージソフトに含まれるWordを利用していることでしょう。Microsoft Officeとは、WordやExcel、Outlookなどのアプリをセットにした商品です。セットの内容によっていくつかの種類があります。また、Microsoft Officeを利用する方法にも、いくつか種類があります。操作方法に大きな違いはありませんが、使用できる機能は、若干異なります。Wordの種類やバージョンなどを確認するには、下のように操作します。

主なOfficeの種類

種類	内容
Microsoft 365	Officeを使用する権利を1年や1か月などの単位で取得するサブスクリプション版のOfficeです。常に新しいバージョンのOfficeを利用できます。個人向けや会社向けなどによっていくつかの種類があります。
デスクトップアプリ版	家電量販店などで販売されているOfficeの種類です。
Microsoft Store アプリ版（UWP版）	パソコンにあらかじめ入っているプリインストール版のOfficeなどで使用されている種類です。一部の機能を利用できない場合もあります。その場合、デスクトップ版アプリに変更できる場合もあります。詳細は、お使いのパソコンメーカーのホームページなどをご確認ください。

　2024年4月時点で一番新しいOfficeは、Office 2021というバージョンです。使っているWordがどの種類なのか、どのバージョンなのか確認するには、次のように操作します。

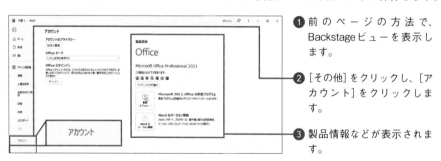

❶ 前のページの方法で、Backstageビューを表示します。

❷ [その他]をクリックし、[アカウント]をクリックします。

❸ 製品情報などが表示されます。

--- COLUMN ---

Microsoft Searchボックスから表示する

Microsoft Searchボックスを使用すると、さまざまな設定画面をかんたんに表示できます。たとえば、「オプション」と入力して表示される[オプション]をクリックすると、[Wordのオプション]ダイアログボックスを開けます。また、Word 2021やMicrosoft 365のWordを使用している場合は、文字の検索や最近使用したファイルの検索などもできます。さまざまな用途で活用できます。

144　表示モードを変更する

表示モードの種類について

　Wordには、複数の表示モードがあります。［表示］タブに並ぶボタンや、ステータスバーの右側に並ぶボタンで切り替えられます。文字を入力するとき、文書を編集するとき、完成した文書を確認するときなど、操作の内容によって使い分けるとよいでしょう。

　なお、文書の内容に間違いがないか確認するときは、フォーカスモードや、イマーシブリーダーの機能（257ページ参照）を利用したりする方法もあります。

Wordの表示モードの例

表示モード	内容
印刷レイアウト	文書編集時に最もよく使います。印刷時のレイアウトを確認しながら編集できます。
閲覧モード	完成した文書を閲覧するときなどに使用します。電子書籍のようにページをめくる感覚で文書を読めます。
Webレイアウト	文書をWebページとして保存し、ブラウザーで表示したようなイメージで確認できます。
アウトライン	長文作成時に使用すると便利なモードです（154ページ参照）。
下書き	図形などのオブジェクトを隠したり、段組みなどのレイアウトを解除したりしてシンプルな見た目で表示します。集中して文章を入力する場合などに使います。

表示モードの切り替え方法

　表示モードは、［表示］タブの［表示］グループにあるボタンから切り替えます。画面下のステータスバーの右側のボタンからも切り替えられます。

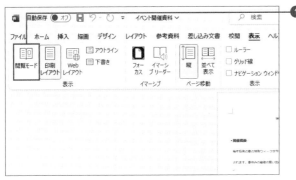

❶ ［表示］タブの表示モードのボタン（ここでは［閲覧モード］）をクリックします。

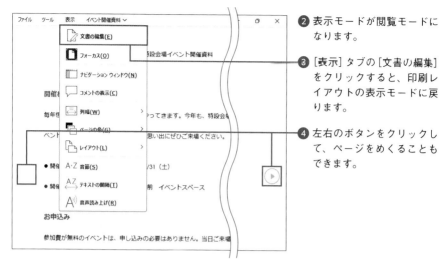

② 表示モードが閲覧モードになります。

③ [表示] タブの [文書の編集] をクリックすると、印刷レイアウトの表示モードに戻ります。

④ 左右のボタンをクリックして、ページをめくることもできます。

印刷レイアウトでページ全体を表示する

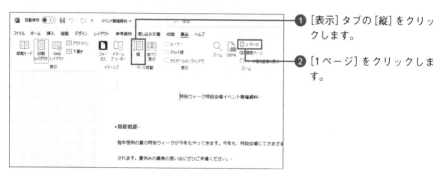

① [表示] タブの [縦] をクリックします。

② [1ページ] をクリックします。

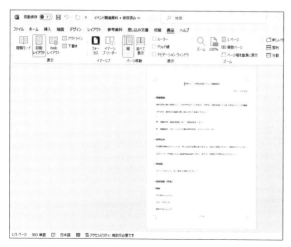

③ ページ全体が表示されます。

MEMO ページを並べて表示する

[表示] タブの [並べて表示] をクリックすると、ページが左右に並んで表示されます。水平スクロールバーでページをめくれます。ページを並べて表示しているとき、[表示] タブの [サムネイル] をクリックすると、ページの縮小図が表示されて、表示するページをクリックして選択できます。

145

タブやリボンを
カスタマイズする

タブとは?

Wordで文書を作成するときは、タブやリボンを使って操作を指示します。タブとリボンの表示方法は切り替えられます。間違ってリボンを閉じてしまった場合に備えて、表示の切り替え方法を知っておきましょう。また、タブやリボンの表示内容は変更できます。独自のタブを作成したりして、使いやすいようにカスタマイズできます。

なお、Wordでは、[Tab]キーを押して文字の位置を整える機能をタブと言います。タブ機能と、画面のタブは全く異なるものです。

❶ いずれかのタブをダブルクリックします。

❷ リボンが非表示になります。

❸ 再度、いずれかのタブをダブルクリックすると、リボンが表示されます。

COLUMN

リボンの表示方法を指定する

Word 2021やMicrosoft 365のWordでは、リボンの右下の[リボンの表示オプション]をクリックしても、リボンの表示方法を指定できます。Wordでは通常、「常にリボンを表示する」が選択されています。

タブを追加する

ここでは、「図形操作」という名前のタブを追加して矢印の図形を描くボタンを表示します。ボタンは、「矢印の追加」という名前のグループごとにまとめて表示します。

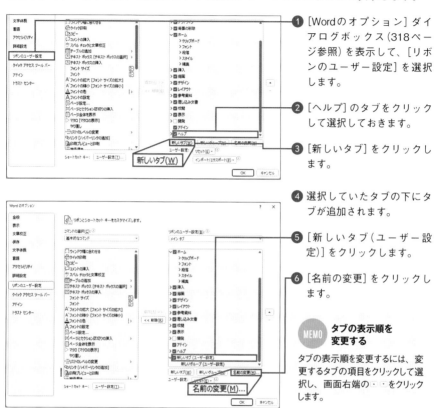

❶ [Wordのオプション] ダイアログボックス（318ページ参照）を表示して、[リボンのユーザー設定] を選択します。

❷ [ヘルプ] のタブをクリックして選択しておきます。

❸ [新しいタブ] をクリックします。

❹ 選択していたタブの下にタブが追加されます。

❺ [新しいタブ（ユーザー設定）] をクリックします。

❻ [名前の変更] をクリックします。

> **MEMO　タブの表示順を変更する**
>
> タブの表示順を変更するには、変更するタブの項目をクリックして選択し、画面右端の・・をクリックします。

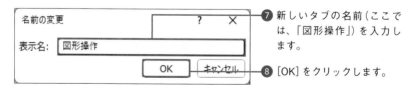

❼ 新しいタブの名前（ここでは、「図形操作」）を入力します。

❽ [OK] をクリックします。

> **MEMO　グループの名前を変更する**
>
> 新しいグループの名前を選択するときは、[新しいグループ（ユーザー設定）] を選択して手順❻〜❽の操作を行います。ここでは、グループ名に「矢印の追加」と指定しておきます。

タブにボタンを追加する

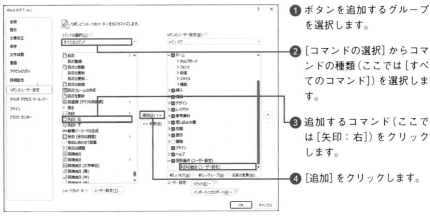

① ボタンを追加するグループ を選択します。

② [コマンドの選択] からコマ ンドの種類 (ここでは [すべ てのコマンド]) を選択しま す。

③ 追加するコマンド (ここで は [矢印：右]) をクリック します。

④ [追加] をクリックします。

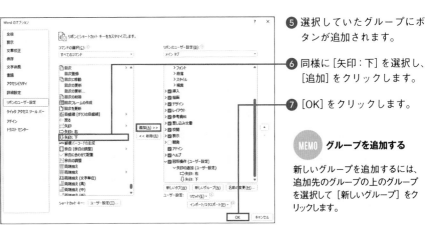

⑤ 選択していたグループにボ タンが追加されます。

⑥ 同様に [矢印：下] を選択し、 [追加] をクリックします。

⑦ [OK] をクリックします。

MEMO　グループを追加する

新しいグループを追加するには、 追加先のグループの上のグループ を選択して [新しいグループ] をク リックします。

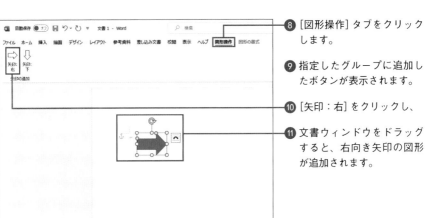

⑧ [図形操作] タブをクリック します。

⑨ 指定したグループに追加し たボタンが表示されます。

⑩ [矢印：右] をクリックし、

⑪ 文書ウィンドウをドラッグ すると、右向き矢印の図形 が追加されます。

タブをリセットして元に戻す

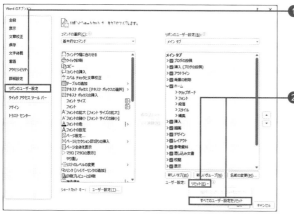

❶ [Wordのオプション] ダイアログボックス（318ページ参照）を表示して、[リボンのユーザー設定] を選択します。

❷ [ユーザー設定] の [リセット] をクリックし、[すべてのユーザー設定をリセット] をクリックします。

❸ [はい] をクリックします。

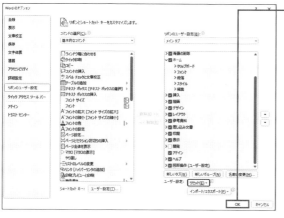

❹ [OK] をクリックします。

❺ 元の画面に戻ります。

❻ リボンのカスタマイズ内容がリセットされます。

> **MEMO**
>
> **選択したタブのみ リセットする**
>
> 既存のタブに新しいグループを追加してボタンを追加した場合などは、変更したタブのみをリセットできます。変更したタブをクリックして、手順❷で [選択したリボン タブのみをリセット] をクリックします。

146 クイックアクセスツールバーをカスタマイズして使う

よく使うボタンを追加する

クイックアクセスツールバーには、よく使う機能のボタンを追加できます。クイックアクセスツールバーは、常に表示されているため、目的の操作をすばやく実行できます。

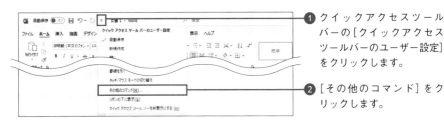

① クイックアクセスツールバーの[クイックアクセスツールバーのユーザー設定]をクリックします。

② [その他のコマンド]をクリックします。

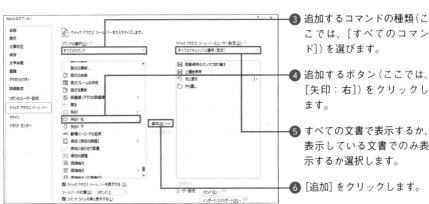

③ 追加するコマンドの種類（ここでは、[すべてのコマンド]）を選びます。

④ 追加するボタン（ここでは、[矢印：右]）をクリックします。

⑤ すべての文書で表示するか、表示している文書でのみ表示するか選択します。

⑥ [追加]をクリックします。

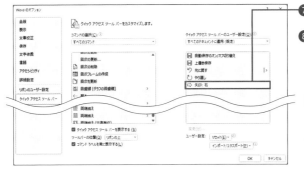

⑦ ボタンが追加されます。

⑧ [OK]をクリックすると、クイックアクセスツールバーにボタンが追加されます。

> **MEMO　ボタンを削除する**
>
> ボタンを削除するには、ボタンを右クリックし、[クイックアクセスツールバーから削除]をクリックします。

147

よく使うファイルや
保存先の表示を固定する

ファイルの表示を固定する

最近使った文書は、ファイルを開く画面に表示されますが、過去に使用したファイル
は、この一覧から漏れてしまいます。表示を固定しておくと、過去に使用したファイル
も、かんたんに開けるようになります。

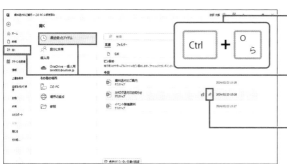

① 文書を編集する画面で Ctrl
＋ O キーを押します。

② Backstage ビューが表示さ
れて、「開く」メニューの［最
近使ったアイテム］が選択
されます。

③ ［最近使ったアイテム］の一
覧に固定するファイルのピ
ンのアイコンをクリックし
ます。

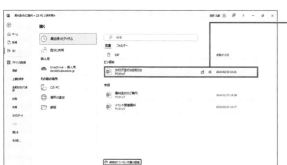

④ ファイルが固定表示されま
す。

⑤ ファイル名をクリックする
と、ファイルが開きます。

MEMO ピン留めを外す

表示を固定した項目のピン留めを
外すには、表示を固定した項目の
ピンのアイコンをクリックします。

--- COLUMN ---

フォルダーをピン留めする

ファイルを保存する画面で、よく使う保存先をかんたんに選択できるようにするには、ファイルを
ピン留めするのと同じ要領で、フォルダーをピン留めできます。ファイルを保存する画面で、手順
③と同じように、フォルダーの横のピンのアイコンにマウスポインターを移動し、［このアイテムが
一覧に常に表示されるように設定します］の文字を確認してクリックします。

148

マクロを実行できるようにする

メッセージが表示される

　インターネットからダウンロードしたファイルなどを開くと、安全を考慮してパソコンを保護するために読み取り専用の保護ビューで開かれる場合があります。[編集を有効にする]をクリックすると、読み取り専用を解除して編集を有効にすることができます。ただし、ファイルにマクロが含まれている場合、マクロウイルスに感染してしまうことを防ぐため、セキュリティリスクのメッセージバーが表示されてマクロは実行できなくなります。安全なファイルであることがわかっている場合は、次の方法でマクロを実行できるように指定できます。

　なお、ファイルによっては、[保護ビュー]や[セキュリティリスク]以外のメッセージが表示される場合もあります。メッセージをクリックすると、内容を確認できます。

保護ビュー

セキュリティリスク

「信頼できる場所」と事前準備

　「信頼できる場所」に、マクロが入っているファイルを保存すると、そのファイルを開いたときに、マクロが実行できる状態で開きます。「信頼できる場所」は、自分で指定できます。ここでは、例として、デスクトップ画面の「練習」フォルダーを「信頼できる場所」に指定します。事前に「練習」という名前のフォルダーを作成し、マクロが入ったファイルを「練習」フォルダーに保存しておきます。

　なお、OneDriveと自分のパソコンのフォルダーを同期する設定で使用している場合は、注意が必要です。4〜5ページの方法でダウンロードしたサンプルファイルを使用する場合、ファイルが保存されているフォルダーは、OneDriveと同期していない場所に保存して使用してください。信頼できる場所に、OneDriveと同期しているフォルダーを指定した場合、その中のマクロを含むファイルを開いたときに、[セキュリティの警告]メッセージが表示される場合があります。

「信頼できる場所」を設定する

❶ Wordを起動して、308ページのMEMOの方法で[開発]タブを表示します。

❷ [開発]タブの[マクロのセキュリティ]をクリックします。

❸ [信頼できる場所]をクリックします。

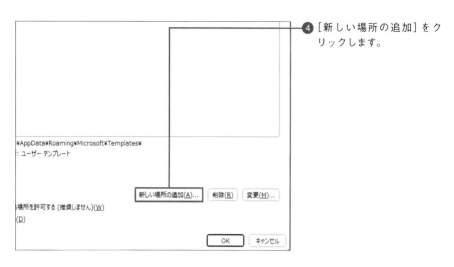

④ [新しい場所の追加] をク
リックします。

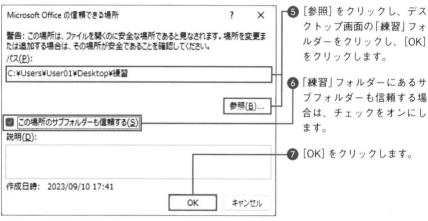

⑤ [参照] をクリックし、デス
クトップ画面の「練習」フォ
ルダーをクリックし、[OK]
をクリックします。

⑥ 「練習」フォルダーにあるサ
ブフォルダーも信頼する場
合は、チェックをオンにし
ます。

⑦ [OK] をクリックします。

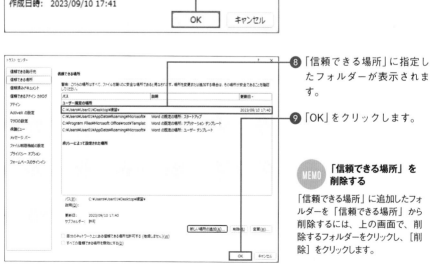

⑧ 「信頼できる場所」に指定し
たフォルダーが表示されま
す。

⑨ 「OK」をクリックします。

MEMO 「信頼できる場所」を
削除する

「信頼できる場所」に追加したフォ
ルダーを「信頼できる場所」から
削除するには、上の画面で、削
除するフォルダーをクリックし、[削
除] をクリックします。

マクロを実行する

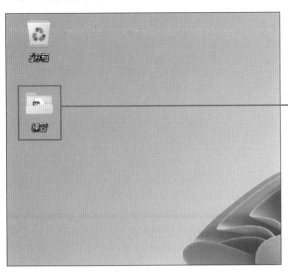

❶ デスクトップ画面の「練習」フォルダーをダブルクリックします。

❷「練習」フォルダーが開きます。

❸ マクロを含むファイルのアイコンをダブルクリックして開きます。

❹ マクロが有効の状態でファイルが開きます。

331

149 Wordの文書作成に役立つAIサービス

AIと生成AI

AIとは、Artificial Intelligence（人工的な知能）の略です。日本語では、人工知能と呼ばれています。コンピューターが人間の代わりに高い知能を持ち、広い範囲でいろいろなことを考えたりする技術のことです。最近では、生成AIと言って、AIの技術を使って、人間と会話するような感覚で、質問に対する答えやアイデアを出してくれるものや、要望に応じた音楽や画像などのコンテンツを生成してくれるものもあります。生成AIは、ユーザーとのやり取りやインターネット上の情報などから自ら学習することで、答えの精度をより高められると言われています。

パソコンで使うさまざまなアプリでも、AIの技術を使って、より効率的に作業を進められるように進化しています。

Copilotとは？

Microsoftが提供するさまざまなアプリでも、AIの技術を使った機能が搭載されるようになりました。それらの機能全般を、Copilotと呼んでいます。Copilotとは、英語で「副操縦士」という意味です。操縦士のユーザーが、副操縦士のCopilotを活用するイメージです。ここでは、「Copilot for Microsoft 365」や「Copilot in Windows」「Copilot in Edge（EdgeのCopilot）」のCopilotの機能を紹介します。

Copilot機能の例

Copilot	内容
Copilot for Microsoft 365	Microsoft 365 の Word や Excel などのアプリなどで使用できる Copilot です。
Copilot in Windows	Windows で使用できる Copilot です。タスクバーから起動して使用します。
Copilot in Edge	ブラウザーの Edge で使用できる Copilot です。Edge の画面から起動して使用します。

Copilot for Microsoft 365

Microsoft 365とは、Microsoftが提供するサービスの1つです。プライベートや仕事でパソコンを使用するときに便利な機能を提供するクラウドサービスです。Microsoft 365には、サービス内容に応じて、個人向けや法人向けなどさまざまなタイプが用意されていて、タイプによって利用料金も異なります。

332

Copilot for Microsoft 365とは、Microsoft 365サービスを利用しているユーザー向けに有料で提供されるCopilotの機能です。Microsoft 365サービスでWordやExcelなどのOffice製品やMicrosoft Teamsのアプリを利用している場合は、それぞれのアプリに搭載されたCopilotの機能を利用できます。

Copilot for Microsoft 365の特徴は、アプリで作成しているファイルを直接扱い操作できることです。Wordでは、表示しているWordの文章を扱い、文章の下書きの作成や編集、見栄えを整えてもらうことなどができます。

なお、Copilot for Microsoft 365の機能は、法人向けの一部のMicrosoft 365サービスや、個人や家庭向けのMicrosoft 365サービスを利用している場合のみ、有料で利用できます（2024年4月時点）。本書では、操作方法は紹介していません。

 アドインについて

Copilot for Microsoft 365の機能とは異なりますが、さまざまな会社がWordやExcelなどで利用できる追加プログラムを提供しています。それらの追加プログラムをアドインといいます。アドインにはさまざまな種類があり、アドインによって利用料金も異なります。アドインの中には、AIを利用した機能を提供するものもあります。

Copilot in Windows

Copilot in Windowsは、Windows 10やWindows 11で使用することができるCopilotです。Windows 11でCopilotをタスクバーからかんたんに起動できるようにするには、Windows 11を最新の状態にアップデートしておきます。また、Microsoft アカウントでパソコンにログインしておきます。

Copilot in Windowsでは、文字や音声でCopilotに質問することで、さまざまなことを実行できます。利点としては、デバイスの調整やアプリの実行など、OSの操作ができる点などがあります。

Copilot in Edge

　Copilot in Edgeは、インターネットの情報を見るブラウザーのEdgeで使用できる
Copilotです。Edgeの画面からCopilotの画面を表示して利用します。

　Copilot in Edgeでは、文字や音声でCopilotに質問することで、さまざまなことを実
行できます。利点としては、Edgeで表示しているサイトの情報を元に情報を得られる
点などがあります。

ChatGPTとは？

　AIや生成AIという言葉とともに、「ChatGPT」という言葉も大きな話題を集めてい
ます。ChatGPTとは、OpenAI社が開発した、生成AIの技術を使ったチャットサービ
スのことです。チャットとは、インターネット上で会話などをすることですが、
ChatGPTを利用すれば、人間と会話するような感覚でChatGPTに気軽に質問を投げか
けるだけで、すぐに答えを返してくれます。ChatGPTの登場で、私たちの生活にも、
AIの技術が身近に感じるものとなりました。ChatGPTの利点としては、さまざまなタ
イプの質問に柔軟に対応してくれる点、すばやく答えを提示してくれる点などがありま
す。

WordでAIサービスを利用するメリット

Wordで文書を作成するときに、AIサービスを利用するメリットは、複数あります。AIサービスによって得意不得意はありますが、たとえば、次のようなことができます。

AIサービスの利用例

内容	質問例
文章の作成	「ビジネス文書で使える12月のあいさつ文を教えて」 「商品説明文のサンプルを300字程度で作成してください」 「イベントの案内文を作成してください」
文章の校正	「次の文章で文法的に間違っているところはありますか？」（文章入力） 「次の文章の修正案を教えて」（文章入力）
文章の加工	「次の文章を表にまとめてWordに貼り付けられる形式で表示して」（文章入力） 「次の文章をもっとカジュアルな印象に書き換えて」（文章入力） 「次の文章を箇条書きで簡潔に表示して」（文章入力）
文章の調整	「次の文章を300字程度に増やして」（文章入力）
操作の質問	「Wordで写真を追加するには？」

質問の仕方について

質問は、人と会話するような感覚で指定できます。具体的な情報を盛り込んで質問しましょう。質問が長くなりそうな場合は、文章を分けて、箇条書きで条件を書くことなどもできます。質問の途中で改行する場合は、 Shift + Enter キーを押します。また、欲しい答えを提示してもらうには、次のような内容も指定するとよいでしょう。

答えの方法を指定する

指定内容	指定例
答えの数	「複数の答えを教えて」「5つ教えて」
分量	「150字程度で教えて」「1分で話せるくらいの文字数で教えて」
形式	「Wordの表に貼り付けられる形式で表示して」「箇条書き形式で表示して」
対象	「子供にもわかるように教えて」「上司に説明できるように教えて」

 利用するときに注意すること

AIを利用すると便利ですが、使用時には注意点もあります。まず、AIからの答えは正しいとは限りません。間違っている場合も多くあるので注意が必要です。また、AIからの答えは、実際に誰かが作成したものと似た内容になっている可能性もあります。情報元を確認できないような場合は、内容を確認して自分の言葉で書き換えるなどして、著作権侵害にならないようにしましょう。なお、Copilot in Windowsなどで生成した画像などを利用する場合は、Microsoftの利用規約などを確認してください。また、AIサービスの中には、入力した情報をAIの技術の向上のために利用するものもあります。そのため、個人情報や社内で共有している顧客情報などの重要な情報は入力しないように注意します。

150

Copilot in Windowsを Wordで役立てよう

Copilot in Windowsとは？

　Copilot in Windowsは、Windows 10やWindows 11で使用できるCopilotです。タスクバーから起動して利用します。文字や音声でCopilotに質問することで、次のようなことを実行できます。なお、お使いのパソコンによっては、利用できない場合もあります。

Copilot in Windowsでできることの例

操作	質問の例
OS の操作	「ダークモードに切り替えて」 「スピーカーの音量を上げて」 「文章を作成するアプリを起動して」
質問に対する答え	「今日の天気は？」 「Word で段組みを設定する方法は？」
コンテンツ作成	「12 月の懇親会のお知らせの文章を作成して」 「かわいい白い猫の絵を描いて」

❶ タスクバーの「Copilot」のボタンをクリックします。または、⊞キーを押しながら、Cキーを押します。

❷ Copilot が起動します。

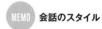
会話のスタイル

Copilot in Windowsでは会話のスタイルを選択できます。「より創造的に」は、新しい提案などを積極的にしてくれるモードです。「より厳密に」は、あまり余計なことを提案せずにシンプルに対応してくれるモードです。「よりバランスよく」は、その中間のモードです。

Copilot in Windowsに質問する

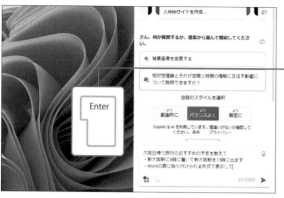

❶ Copilot を起動し、「何でも聞いてください…」の欄をクリックします。

❷ 質問を入力し、[Enter] キーを押します。

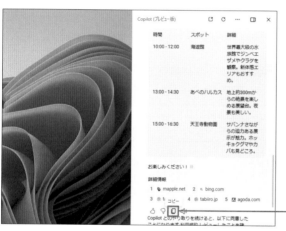

❸ 結果が表示されます。

❹ 「コピー」をクリックします。

❺ Word を起動して、[ホーム] タブの [貼り付け] をクリックします。

❻ コピーした内容が貼り付けられました。

MEMO 別の質問をする

答えを確認したあと、答えに対する質問や、依頼などを続けて入力できます。話題を変えて、別の新しい質問をするには、質問を入力する画面の左の [新しいトピック] をクリックします。

337

151 Copilot in Edgeを Wordで役立てよう

Copilot in Edgeとは?

　Copilot in Edgeは、インターネットの情報を見るブラウザーのEdgeで使用できるCopilotです。Edgeの画面からCopilotの画面を表示して利用します。Copilot in Edgeでは、実行したい内容によって、上の項目をクリックして画面を切り替えます。「チャット」は、質問を入力して答えを提示してもらいます。「作成」は、質問や要望を入力して、文章や画像などを作成してもらえます。「分析情報」は、ホームページに関する情報を確認できます。

　文字や音声でCopilotに質問すると、次の表のようなことを実行できます。

Copilot in Edgeでできることの例

操作	質問の例
Edge の操作	「既定のホームページを変更して」
サイト閲覧の補助	「このサイトの内容を要約して」 「このサイトの内容を翻訳して」
質問に対する答え	「今日の天気は?」 「Word で段組みを設定する方法は?」
コンテンツ作成	「12月の懇親会のお知らせの文書を作成して」 「かわいい白い猫の絵を描いて」

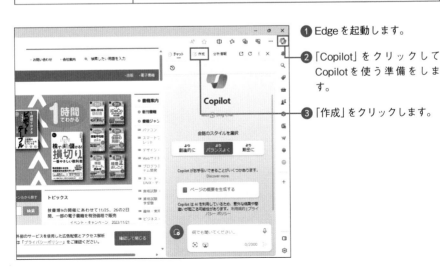

❶ Edge を起動します。

❷ 「Copilot」をクリックして Copilot を使う準備をします。

❸ 「作成」をクリックします。

文章を作成してもらう

① 「執筆分野」をクリックし、作成してもらう文章の内容を入力します。

② 文章の雰囲気を選びます（ここでは、「プロフェッショナル」）をクリックします。

③ 「形式」（ここでは「段落」）を選択します。

④ 画面を下にスクロールします。

⑤ 「長さ」（ここでは、[中]）を選択します。

⑥ 「下書きの生成」をクリックします。

⑦ 文章が作成されました。「コピー」をクリックすると、文書がコピーされます。コピーした文章は、Wordなどに貼り付けて、文書を作成するときの下書きとして利用できます。

MEMO　下書きを再生成する

画面右下の[下書きを再生成]をクリックすると、ほかの文例を再度作成してくれます。

152

ChatGPTをWordで役立てよう

ChatGPTを利用する

ChatGPTとは、OpenAI社が開発した、生成AIの技術を使ったチャットサービスのことです。ここでは、ChatGPTに文章を作成する手助けをしてもらいます。案内文の下書きを作成します。

なお、ChatGPTで使用できるショートカットキーを確認したり、使用時の設定などを変更したりするには、質問を入力する場所の右側の「？」をクリックします。表示されるメニューから項目をクリックします。

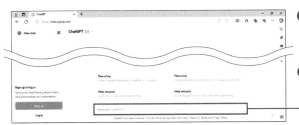

❶ ChatGPTのページ「https://chat.openai.com」を表示します。

❷ メッセージを入力する場所をクリックします。

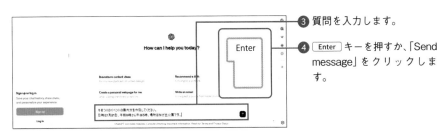

❸ 質問を入力します。

❹ Enter キーを押すか、「Send message」をクリックします。

COLUMN

アカウントを作成する

ChatGPTの使用時に、チャット履歴などを保存して利用するには、ChatGPTのアカウントを取得して利用します。アカウントを取得するには、ChatGPTのページで「Sign up」をクリックします。続いて表示される画面でメールアドレスやChatGPTを使用するときに指定するパスワードを入力して登録作業を進めます。画面の指示に従って、本人確認などを済ませて、アカウントの設定を完了させましょう。取得したアカウントでログインするには、ChatGPTのページで「Log in」をクリックしてログインをします。

⑤ 答えが返ってきます。内容を確認します。

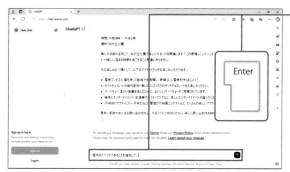

⑥ ここでは、質問を追加して Enter キーを押します。

⑦ 追加した質問に対応する答えが返ってきます。

⑧ 「Copy code」をクリックすると、内容がコピーされます。

⑨ あとは、Wordに切り替えて貼り付ければ、文書を作成するときの下書きとして利用できます。

MEMO **別の質問をする**

話題を変えて新しい質問をするには、画面左上の「New Chat」をクリックします。すると、画面が切り替わります。

153

AI機能を利用した
エディター機能を使用する

エディター機能を使う

Microsoft社の提供するさまざまなアプリで、AIを利用した機能が追加されています。ここでは、Microsoft 365のWordを使っている場合に利用できるMicrosoftエディターの機能を紹介します。

Microsoftエディターは、文章のチェック機能で、スペルや文法などの間違いを見つけて修正候補を表示して修正できる機能です。文書のタイプを指定してチェックできます。なお、文章の中でチェックされた内容などによって、エディタースコアの目安が表示されます。文章を修正すると、エディタースコアも変わります。

❶ [ホーム] タブの [エディター] をクリックします。

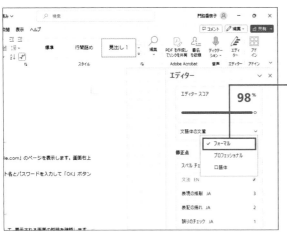

❷ [文語体の文章] をクリックして文章のタイプ (ここでは、「フォーマル」) をクリックします。

❸ 修正点などがチェックされます。

MEMO 文語体の文章

[文語体の文章] が表示されない場合は、[エディター] 作業ウィンドウの [×] をクリックして閉じて、もう一度、[ホーム] タブの [エディター] をクリックします。

チェック内容を確認する

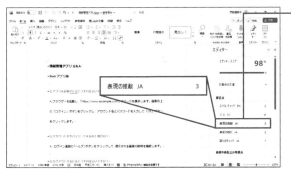

① 修正点を確認し、詳細を確認する項目をクリックします。

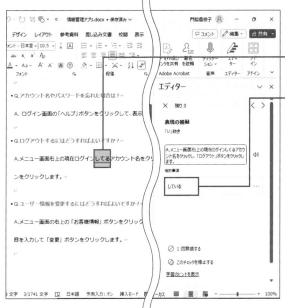

② チェックされた内容が表示されます。

③ 修正内容（ここでは「している」）をクリックします。

④ 続いて、チェックされた内容を確認します。

MEMO 無視する

チェックされた修正候補を無視する場合は、[1回無視する] をクリックします。また、修正候補をそのままにして次の修正候補を確認するには、右上の [>] をクリックします。

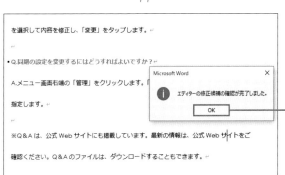

⑤ すべての修正候補を確認すると、メッセージが表示されます。

⑥ [OK] をクリックします。

キーボードショートカット一覧

ファイル操作

新規文書を開く	Ctrl + N
文書を開く画面を表示する	Ctrl + O
文書を保存する画面を表示する。保存している文書の場合は、上書き保存をする	Ctrl + S
文書を閉じる	Ctrl + W
Word を綴じる	Alt + F4

文字の入力

日本語入力のオンとオフを切り替える	半角/全角
変換中の文字を変換前の状態に戻す／入力中の文字入力をキャンセルする	Esc
同じ段落内で改行を入れる	Shift + Enter
改ページを入れる	Ctrl + Enter
段区切りを入れる	Ctrl + Shift + Enter

文字カーソルの移動

1 単語分左に移動する	Ctrl + ←
1 単語分右に移動する	Ctrl + →
1 段落上に移動する	Ctrl + ↑
1 段落下に移動する	Ctrl + ↓
行の末尾に移動する	End
行の先頭に移動する	Home
次のページの先頭に移動する	Ctrl + Page Down
前のページの先頭に移動する	Ctrl + Page Up
文書の先頭に移動する	Ctrl + Home
文書の末尾に移動する	Ctrl + End
前に変更した箇所に移動する	Shift + F5
画面の先頭に移動する	Ctrl + Alt + Page Up
画面の一番下に移動する	Ctrl + Alt + Page Down
ウィンドウを 1 画面上にスクロールして先頭に移動する	Page Up
ウィンドウを 1 画面下にスクロールして末尾に移動する	Page Down

文字の選択

文書全体を選択する	Ctrl + A
隣接する文字を選択する	Shift +方向
左の単語を選択する	Ctrl + Shift + ←
右の単語を選択する	Ctrl + Shift + →
現在の行の先頭までを選択する	Shift + Home
現在の行の末尾までを選択する	Shift + End
現在の段落の先頭までを選択する	Ctrl + Shift + ↑
現在の段落の末尾までを選択する	Ctrl + Shift + ↓
選択している箇所から文書の先頭までを選択する	Ctrl + Shift + Home
選択している箇所から文書の末尾までを選択する	Ctrl + Shift + End

文字の編集

選択した文字を切り取りクリップボードに保存	Ctrl + X
選択した文字をコピーしてクリップボードに保存	Ctrl + C
クリップボードにコピーした文字を貼り付け	Ctrl + V
直前に行った操作を元に戻す	Ctrl + Z
元に戻した操作を戻す前の状態にする	Ctrl + Y

文字の書式設定

文字書式を解除する	Ctrl + スペース
文字に太字を設定	Ctrl + B
文字を斜体にする	Ctrl + I
文字に下線を引く	Ctrl + U
文字に二重下線を引く	Ctrl + Shift + D
文字の大きさを大きくする	Ctrl + Shift + >
文字の大きさを小さくする	Ctrl + Shift + <
文字の大きさを1ポイント小さくする	Ctrl + [
文字の大きさを1ポイント大きくする	Ctrl +]
文字を隠し文字にする	Ctrl + Shift + H
選択した書式をコピーする （Word の種類によって異なる）	Ctrl + Shift + C (Alt + Ctrl + C)
コピーした書式情報を貼り付ける （Word の種類によって異なる）	Ctrl + Shift + V (Alt + Ctrl + V)

キーボードショートカット一覧

段落の配置

段落を中央に揃える	Ctrl + E
段落を左揃えにする	Ctrl + L
段落を右揃えにする	Ctrl + R
段落を両端揃えにする	Ctrl + J
段落にインデントを設定する	Ctrl + M
段落のインデントを解除する	Ctrl + Shift + M
段落の行間を1行にする	Ctrl + 1 （テンキー以外）
段落の行間を2行にする	Ctrl + 2 （テンキー以外）
段落の行間を1.5行にする	Ctrl + 5 （テンキー以外）

段落の書式

段落書式を解除する	Ctrl + Q
標準スタイルを設定する	Ctrl + Shift + N
［見出し1］スタイルを適用する	Ctrl + Alt + 1 （テンキー以外）
［見出し2］スタイルを適用する	Ctrl + Alt + 2 （テンキー以外）
［見出し3］スタイルを適用する	Ctrl + Alt + 3 （テンキー以外）

表の操作

次のセルに移動する	Tab
前のセルに移動する	Shift + Tab
行の最初のセルに移動する	Alt + Home
行の最後のセルに移動する	Alt + End
列の最初のセルに移動する	Alt + Page Up
列の最後のセルに移動する	Alt + Page Down

画面の表示

印刷画面を表示する	Ctrl + P
リボンの表示／非表示を切り替える	Ctrl + F1
すべての編集記号を表示する	Ctrl + Shift + 8 (テンキー以外)
文書のウィンドウを分割する	Ctrl + Alt + S
文書のウィンドウの分割を解除する	Ctrl + Alt + S または Alt + Shift + C
印刷レイアウト表示に切り替える	Ctrl + Alt + P
アウトライン表示に切り替える	Ctrl + Alt + O
下書き表示に切り替える	Ctrl + Alt + N

ダイアログボックスの表示

[ジャンプ] ダイアログボックスを表示する	Ctrl + G または、F5
[置換] ダイアログボックスを表示する	Ctrl + H
[フォント] ダイアログボックスを表示する	Ctrl + D または Ctrl + Shift + F
[開く] ダイアログボックスを表示する	Ctrl + Alt + F2 または Ctrl + F12
[名前を付けて保存] ダイアログボックスを表示する	F12

作業ウィンドウの表示

[ナビゲーション] ウィンドウを表示して文書内を検索する	Ctrl + F
[スタイルの適用] 作業ウィンドウを表示する	Ctrl + Shift + S
[スタイル] 作業ウィンドウを表示する	Ctrl + Alt + Shift + S
[書式の詳細] 作業ウィンドウを表示する	Shift + F1
[Word ヘルプ] 作業ウィンドウを表示する	F1
スペルチェックや文書校正を行う ([エディター] 作業ウィンドウを表示する)	F7
[翻訳ツール] 作業ウィンドウを表示する	Alt + Shift + F7
[選択] 作業ウィンドウを表示する	Alt + F10

索引

索引

お問い合わせについて

本書に関するご質問については、本書に記載されている内容に関するもののみとさせていただきます。本書の内容と関係のないご質問につきましては、一切お答えできませんので、あらかじめご了承ください。また、電話でのご質問は受け付けておりませんので、必ずFAXか書面にて下記までお送りください。
なお、ご質問の際には、必ず以下の項目を明記していただきますよう、お願いいたします。

① お名前
② 返信先の住所またはFAX番号
③ 書名（今すぐ使えるかんたんbiz Word 効率UPスキル大全）
④ 本書の該当ページ
⑤ ご使用のOSとソフトウェアのバージョン
⑥ ご質問内容

なお、お送りいただいたご質問には、できる限り迅速にお答えできるよう努力いたしておりますが、場合によってはお答えするまでに時間がかかることがあります。また、回答の期日をご指定なさっても、ご希望にお応えできるとは限りません。あらかじめご了承くださいますよう、お願いいたします。

問い合わせ先

〒162-0846
東京都新宿区市谷左内町21-13
株式会社技術評論社 書籍編集部
「今すぐ使えるかんたんbiz
Word 効率UPスキル大全」質問係
FAX番号 03-3513-6167 URL:https://book.gihyo.jp/116

お問い合わせの例

FAX

① お名前
　技術 太郎
② 返信先の住所またはFAX番号
　03-××××-××××
③ 書名
　今すぐ使えるかんたんbiz
　Word 効率UPスキル大全
④ 本書の該当ページ
　100ページ
⑤ ご使用のOSとソフトウェアの
　バージョン
　Windows 11
　Word 2021
⑥ ご質問内容
　結果が正しく表示されない

※ご質問の際に記載いただきました個人情報は、回答後速やかに破棄させていただきます。

今すぐ使えるかんたんbiz
Word 効率UPスキル大全

2024年6月5日 初版 第1刷発行

著者	………	門脇香奈子
発行者	………	片岡 巌
発行所	………	株式会社 技術評論社
		東京都新宿区市谷左内町21-13
		電話 03-3513-6150 販売促進部
		03-3513-6160 書籍編集部
カバーデザイン	………	小口 翔平＋畑中 茜（tobufune）
本文デザイン	………	今住 真由美（ライラック）
DTP	………	リンクアップ
編集	………	矢野 俊博
製本・印刷	………	日経印刷株式会社

ISBN978-4-297-14144-8 C3055
Printed in Japan